项目建设教学改革成果
电气技术专业一体化教材

MUONI DIANZI JISHU

VD

正极

负极

电流方向

模拟电子技术

◎主　编　盛继华　何锦军　黄清锋
◎副主编　盛宏兵　吴小燕
◎主　审　金晓东　吴兰娟

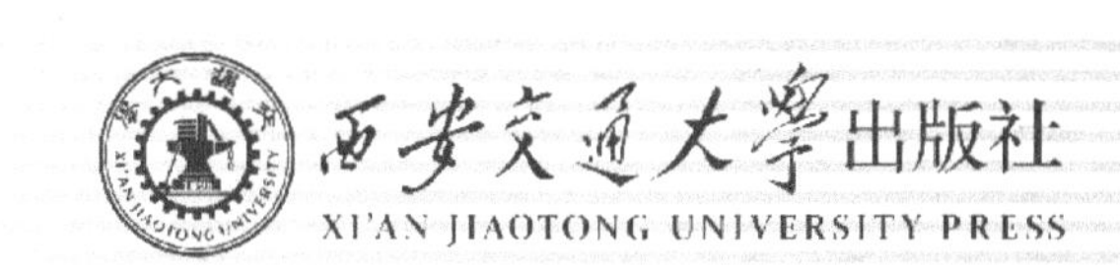

图书在版编目(CIP)数据

模拟电子技术 / 盛继华,何锦军,黄清锋主编. —西安:西安交通大学出版社,2017.5(2024.1 重印)
ISBN 978-7-5605-9744-7

Ⅰ.①模… Ⅱ.①盛… ②何… ③黄… Ⅲ.①模拟电路—电子技术—职业教育—教材 Ⅳ.①TN710

中国版本图书馆 CIP 数据核字(2017)第 130038 号

书　　名　模拟电子技术
主　　编　盛继华　何锦军　黄清锋
策划编辑　曹　昳
责任编辑　李　佳

出版发行　西安交通大学出版社
　　　　　(西安市兴庆南路 1 号　邮政编码 710048)
网　　址　http://www.xjtupress.com
电　　话　(029)82668357　(029)82667874(市场营销中心)
　　　　　(029)82668315(总编办)
传　　真　(029)82668280
印　　刷　西安日报社印务中心

开　　本　880mm×1230mm　1/16　印张 10　字数 203 千字
版次印次　2018 年 1 月第 1 版　2024 年 1 月第 6 次印刷
书　　号　ISBN 978-7-5605-9744-7
定　　价　28.80 元

如发现印装质量问题,请与本社市场营销中心联系。
订购热线:(029)82665248　(029)82667874
投稿热线:(029)82668502
读者信箱:lg_book@163.com　QQ:19773706

《模拟电子技术》编写组

主　编：盛继华　何锦军　黄清锋

副主编：盛宏兵　吴小燕

参　编：楼　露　王　鹏　喻旭凌

徐　灵　杨　越　吴浙栋

柳和平　陈　洁　余小飞

主　审：金晓东　吴兰娟

前 言 Preface

本书是市重点专业课程改革成果教材，根据浙江省“中等职业学校电子技术专业课程标准”编写。

本书根据工学一体化的的教学要求，设置了简单直流稳压电源的安装与测试，语音放大电路的安装与调试，音调调整电路的安装与测试，正弦波信号的安装与调试，功率放大电路的安装与调试，串联型稳压电源的安装与测试六个项目，将元件的检测技术、焊接技术、安装技术、基本电路参数的测量技术、基本电子仪器的使用、电子电路安装工艺等知识有机融合到项目教学过程中。通过本书典型电路的分析、安装、调试等核心技能，培养学生的职业意识和职业道德，提高学生的综合素质与职业素养，加快学生适应社会的能力，为学生的职业生涯的发展奠定基础。

本书在编写时，尽量体现以下特点：

（1）工学一体。以任务为主线设计教材，将知识分解成若干项目，再将项目分解成若干任务，按所完成的任务设计操作课题。本书通过创设情境，合理引入课题内容，提出目标，分接收任务，准备工作，任务实施，课堂评价等环节，使学生的学习更接近实际，在教材体系构建和内容设置上突出“工学一体“特色。

（2）做中学，学中做。本书中每个教学项目都设置有学生工作页，将学习的相关基本电路知识以学生动手完成实际的电路来展现，并结合电子作品的特点让学生拓展设计并制作电路，具有一定的趣味性与挑战性，体现了“做中学，学中做”的职业教育理念。

（3）操作规范。本书最大的特点是利用实物图片导入学习内容。在实训中，依据电子工艺流程设计学生工作页，在实训过程中注重学生良好职业素养的形成。加入了7S的管理模式。

（4）课程评价方式创新。本书采用过程评价方式，对学生的考核注重的是过程。学生的动手能力，创造能力，语言表达能力，团结协作能力等都是考核的重点。改变了过去只注重结果的考核方式。

本书由盛继华、何锦军、黄清锋主编，盛宏兵、吴小燕副主编，楼露、喻旭凌、吴浙栋、徐灵、杨越、柳和平、陈洁、余小飞、王鹏参加编写，金晓东、吴兰娟主审。

由于编者水平有限，书中难免有疏漏和不妥之处，恳请各位读者提出宝贵意见，以便修订时改正。

金华市技师学院编委会

2016年12月

目录 Contents

简单直流稳压电源的安装与测试

任务一　单相桥式整流电路的安装与测试

知识准备

一、半导体二极管

1. 半导体二极管的结构及符号

二极管是由一个PN结构成的，从P区引出的电极为二极管的正极（或阳极），N区引出的电极为二极管负极（或阴极），用管壳封装起来即成二极管。二极管的电路符号如图1-1所示，用VD表示。图中箭头所指方向是二极管正向电流方向，二极这有两个引脚，箭头的一边代表正极，另一边代表负极。

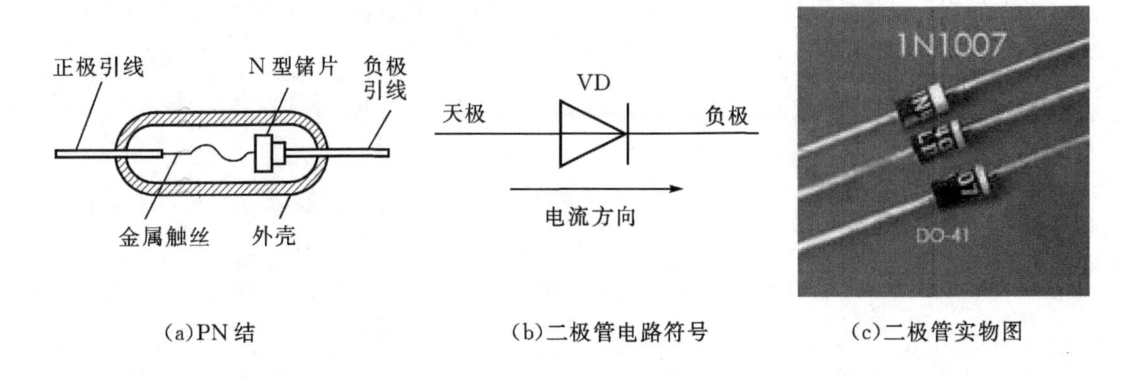

(a)PN结　(b)二极管电路符号　(c)二极管实物图

图1-1　二极管符号与实物图

2. 半导体二极管的伏安特性

二极管的伏安特性是指加在二极管两端的电压与流过二极管的电流之间的关系，由此得到的曲线，称为二极管的伏安特性曲线，如图1-2所示。

（1）正向特性

图1-2中第一象限的图形为二极管的正向特性。由特性曲线可知，二极管具有非线性，并且正向电压较小时，正向电流很小，几乎为零，这段电压称为“死区电压”，通常硅管约为0.5 V，锗管约为0.2 V。当所加电压超过“死区电压”后，正向电流开始显著增加，二极管处于导通状态，这时，二极管的正向电流在较大的范围内变化时，其两端的电压变化却不大。二极管正向导通时的管压降为：硅管0.6~0.8 V，锗管0.2~0.4 V。

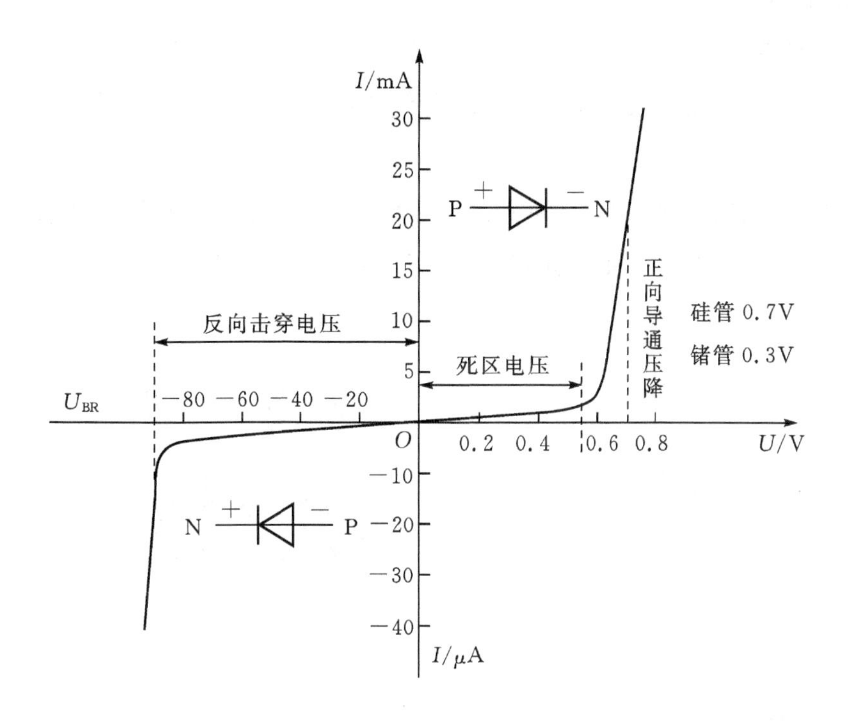

图1-2　二极管的伏安特性曲线

（2）反向特性

图1-2中第三象限的图形为二极管的反向特性。当二极管加上反向电压时，由于反向电流很小，可认为二极管反向截止;但当反向电压增大到某一值时，其反向电流会突然增大，这种现象称为反向击穿，相应的电压叫反向击穿电压，用U_{BR}表示。二极管被反向击穿后，将会损坏。

3. 半导体二极管的开关特性

二极管加正向电压时导通，其导通电阻很小，管压降也很小（硅管为0.7 V，锗管为0.3 V），所以可以看成短路;二极管加反向电压时截止，其反向截止电阻很大，理想情况下为无穷大，可以看成开路，这就是二极管的开关特性。又由于二极管从导通到截止，再从截止到导通的时间很短，所以可在脉冲数字电路中应用，二极管还可在限幅、极性保护电路中得到应用。

4. 半导体二极管的主要参数

（1）最大整流电流I_{FM}

二极管长期工作时允许通过的最大正向平均电流，使用中电流超过此值，管子会因过热而永久损坏。

（2）最高反向工作电压U_{RM}

二极管正常工作时可以承受的最高反向电压，一般为反向击穿电压U_{BR}的一半左右。

（3）反向电流I_{RM}

二极管未被击穿时的反向电流，其值越小，则二极管的单向导电性愈好。

（4）最高工作频率f_M

保证二极管正常工作的最高频率，否则会使二极管失去单向导电性。

5. 发光二极管

发光二极管（简称LED）是一种光发射元件，当发光二极管的PN结加上正向电压时，会产生发光现象。它是一种冷光源，具有功耗低、体积小、寿命长、工作可靠等特点，目前在汽车仪表，汽车灯光、照明显示等领域应用广泛。

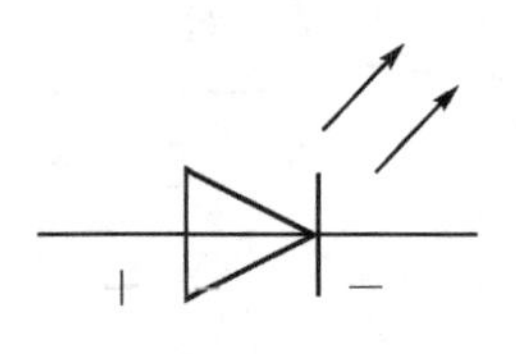

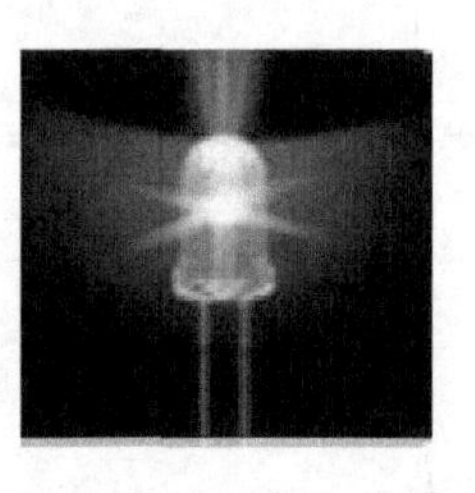

图1-3　发光二极管符号及实物

二、二极管的应用

1. 半波整流电路

半波整流电路如图1-4（a）所示，图1-4（b）是它的整流波形。

整流二极管VD只让半周通过，在R上获得一个单向电压，实现了整流的目的。

半波整流方式的特点是，削掉半周、保留半周。若用U_O表示u_o的平均值，用U_2表示u_2的有效值，则$U_O=0.45U_2$。

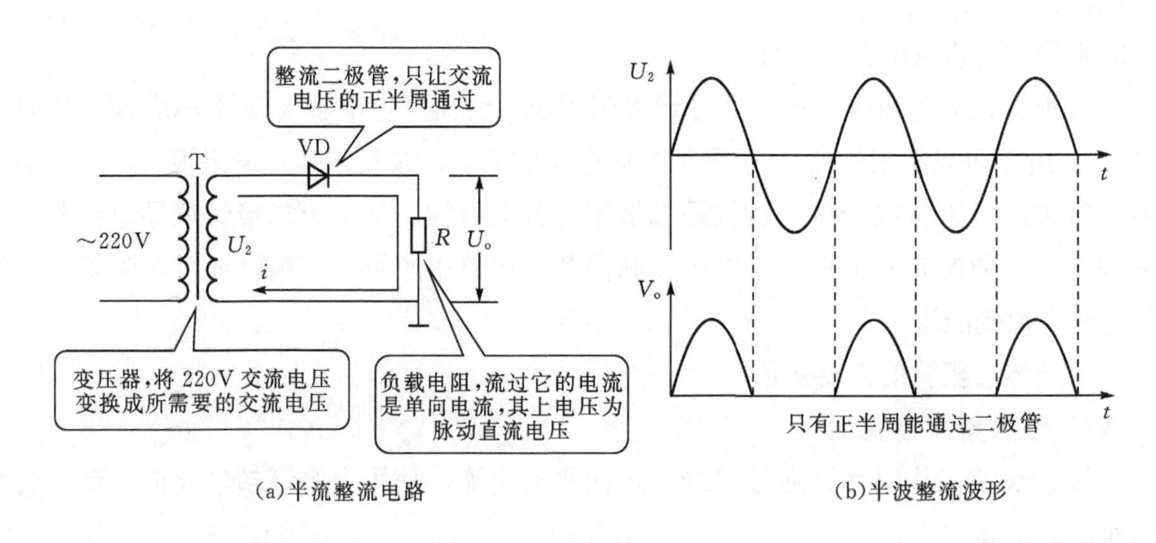

图1-4　半波整流电路

2. 桥式整流电路

（1）单相桥式全波整流工作原理

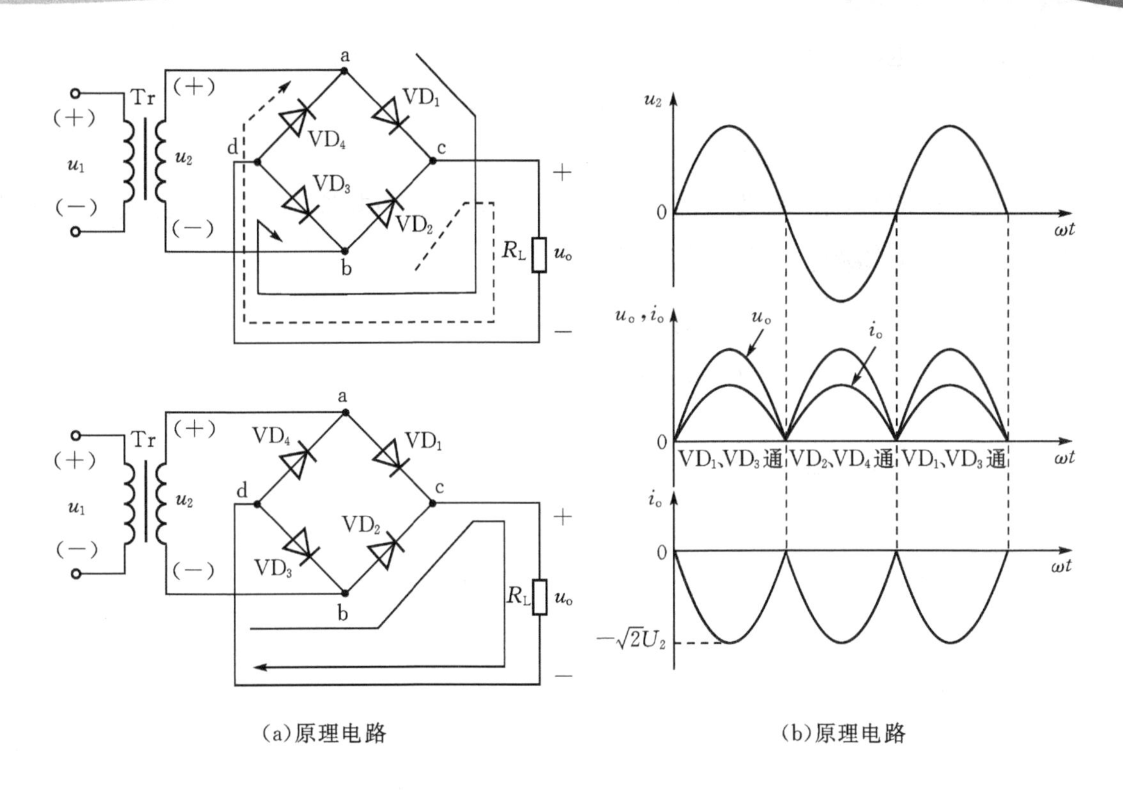

(a)原理电路　　　　　　　　　　(b)原理电路

图1-5　桥式整流电路

① u_2正半周时，如图1-5（a）所示，a点电位高于b点电位，则VD_1、VD_3导通（VD_2、VD_4截止），电流自上而下流过负载R_L；

② u_2负半周时，如图1-6（b）所示，a点电位低于b点电位，则VD_2、VD_4导通（VD_1、VD_3截止），电流自上而下流过负载R_L。

（2）负载获得的直流电压和电流

该直流电路输出的直流电压的平均值为

$$U_O \approx 0.92U_2$$

负载电流的平均值为：$I_O = \dfrac{U_O}{R_L} = 0.9\dfrac{U_2}{R_L}$

其中，U_2——变压器次级电压的有效值。

（3）整流二极管的选择原则

① 流过二极管的平均电流

流经每个二极管的平均电流为

$$\overline{I_V} = \frac{1}{2}\overline{I_o} = \frac{0.45U_2}{R_L}$$

② 最大反向电压U_{RM}

$$U_{RM}=\sqrt{2}U_2$$

例1.1　有一直流负载，需要直流电压$U_L = 60$ V，直流电流$I_L = 4$ A。若采用桥式整流电路，求电源变压器次级电压U_2，并选择整流二极管。

解　因为$U_L = 0.9U_2$，所以$U_2=\dfrac{U_L}{0.9}=\dfrac{60\text{ V}}{0.9}\approx 66.7\text{ V}$

流过二极管的平均电流

$$I_V=\frac{1}{2}I_L=\frac{1}{2}\times 4\text{ A} = 2\text{ A}$$

二极管承受的反向峰值电压

$$U_{RM}=\sqrt{2}\,V_2=1.41\times 66.7\approx 94\text{ V}$$

查晶体管手册，可选用整流电流为3 A，额定反向工作电压为100 V的整流二极管2CZ12A（3 A/100 V）四只。

课后习题

1. 半导体二极管是如何定义的？
2. 简述二极管的特性？
3. 准确画出二极管的伏安特性曲线。
4. 简述二极管的应用？
5. 有一直流负载，需要直流电压$U_L = 30$ V，直流电流$I_L = 2$ A。若采用桥式整流电路，求电源变压器次级电压U_2，并选择整流二极管。

任务一 实训 单相桥式整流电路的安装与测试

工作任务描述：

由于遭受雷击，许多家庭电视机，不能正常工作。经维修人员检查发现，其整流稳压电路部分已严重损坏，需进行维修更换。现将这个任务交给家电维修队，需在24小时之内解决问题。

工作流程与活动

1. 明确任务
2. 工作准备
3. 现场施工
4. 总结评价

学习目标

知识与技能：

1. 了解二极管的外形和电路符号。
2. 了解二极管的单向导电性。
3. 会判别二极管的好坏。
4. 会安装调试整流电路。

学习活动1　明确工作任务

学习过程

一、根据任务单了解所要解决的问题，说出本次任务的工作内容、时间要求等信息。

任务单

编号： 101

电路名称		制作单位		核心元件	
工作内容					
开工时间			竣工时间		
达到效果					

1. 根据任务单，查阅任务单中设备的基本情况并填写。
2. 查阅并画出该型号电视机的整流电路原理图。
3. 学习并掌握整流电路工作原理。

学习活动2　工作准备

学习过程

1. 准备工具和器材

（1）工具

本次作任务所需要的工具见表1-1。

表1-1　工具

编号	名称	规格	数量
1	单相交流电源	15 V（或6～15 V）	1个
2	万用表	可选择	1只
3	电烙铁	15～30 W	1把
4	烙铁架	可选择	1只
5	电子实训通用工具	尖嘴钳、斜口钳、镊子、螺丝刀（一字和十字）	1套

（2）器材

本次任务所需要器材见表1-2。

表1-2 器材

编号	名称	规格	数量	单价
1	万能板	8×8 mm	1块	
2	二极管	IN4007	4只	
3	电阻	390 Ω～1 kΩ	1只	
4	发光二极管	红色	1只	
5	焊接材料	焊锡丝、松香助焊剂、连接导线等	1套	
6	成本核算	人工费	总计	

2. 根据以上所列器材，分别查出各元件的价格，并核算出总价

3. 半导体二极管的识别、检测和选用

普通二极管：借助万用表的欧姆档作简单判别。万用表正端（+）红笔接表内电池的负极，而负端（-）黑笔接表内电池的正极。根据PN结正向导通电阻值小、反向截止电阻值大的原理来简单确定二极管好坏和极性。具体做法是：万用表欧姆档置“R×100”或“R×1k”处，将红、黑两表笔接触二极管两端，表头有一指示：将红、黑两表笔反过来再次接触二极管两端，表头又将有一指示。若两次指示的阻值相差很大，说明该二极管单向导电性好，并且阻值大（几百千欧以上）的那次红笔所接的为二极管阳极；若两次指示的阻值相差很小，说明该二极管已失去单向导电性；若两次指示的阻值均很大，说明该二极管已经开路。

发光二极管（LED）：发光二极管和普通二极管一样具有单向导电性，正向导通时才能发光。发光二极管在出厂时，一根引线做得比另一根引线长，通常，较长引线表示阳极（+），另一根为阴极（-）。发光二极管正向工作电压范围一般为1.5～3V，允许通过的电流范围为2～ 20 mA。电流的大小决定发光的亮度。电压、电流的大小依器件型号不同而稍有差异。若与TTL组件相连接使用时，一般需串接一个470 Ω 的降压电阻，以防止器件的损坏。

整流二极管的检测

步骤：

（1）将万用表选择开关转到测量二极管档测整流二极管

红表棒在黑色端，黑表棒在白色端。测量得553 Ω，表示正向导通。

黑表棒在黑色端，红表棒在白色端。测量得值1，表示反向断开。

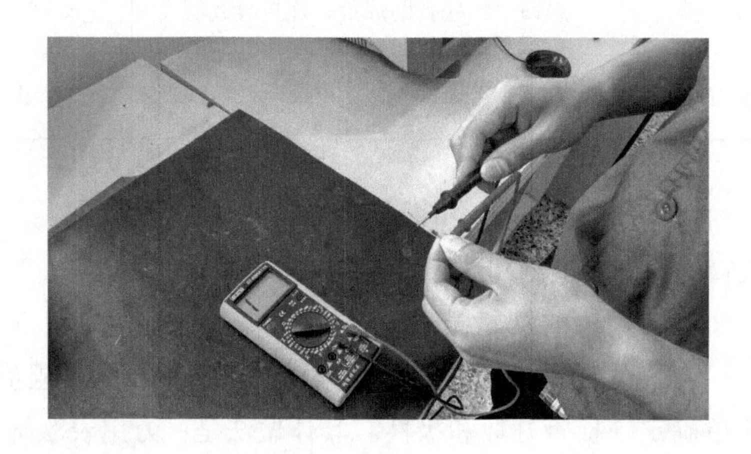

以上测量结果表示，整流二极管正常。

（2）学会用万用表检测下列元件

表1-3　元件检测

编号	名称	型号	正向	反向
1	二极管			
2	电阻			
3	发光二极管			

4. 电烙铁的使用方法

电烙铁是电子制作和电器维修必备的焊接工具、主要用途是熔化焊锡、焊接元件及导线。烙铁头的体积、形状、长短与工作所需的温度和工作环境等有关。常用的烙铁头有方形、圆锥形、椭圆形等。根据烙铁芯与烙铁头位置的不同，可分为内热式和外热式两种，如图1-6所示。

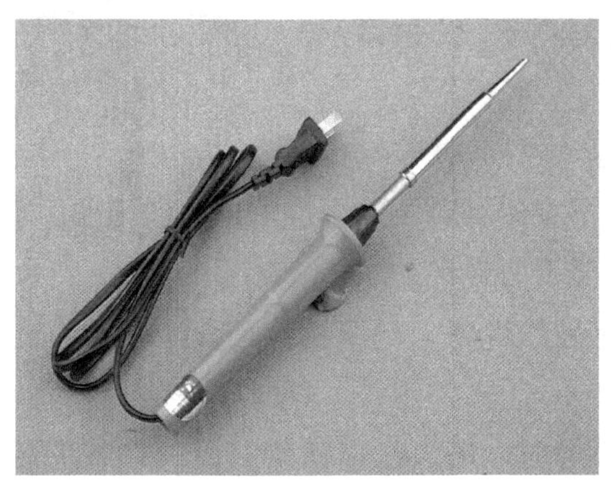
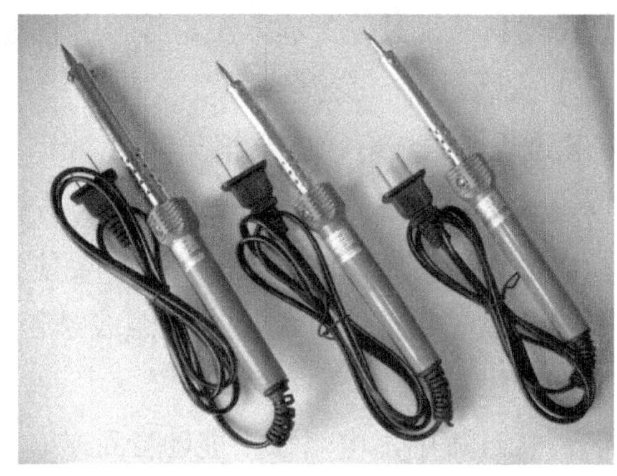

图1-6　电烙铁

内热式电烙铁体积较小，而且价格便宜，一般电子制作都用20～30 W的内热式电烙铁。

电烙铁握法。在焊接时，对电烙铁的握持方法并无统一的规定，应以不易疲劳、便于焊接为原则，一般有反握、正握和笔握3种，笔握法就像拿笔写字一样，适用于初学者用小功率电烙铁焊接印制电路板，如图1-7所示。

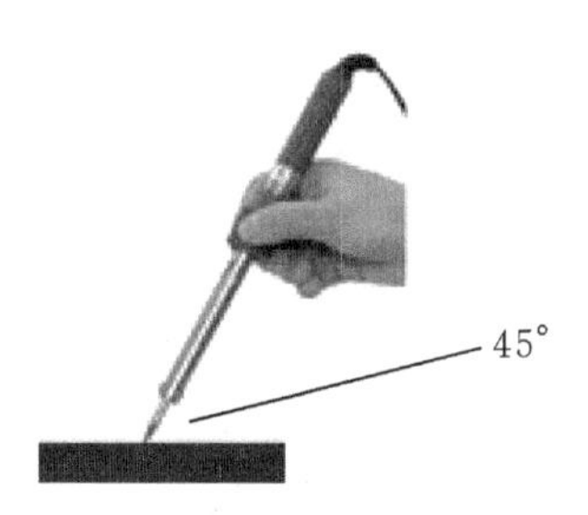

图1-7　小功率电烙铁焊接印制电路板

新电烙铁使用前，用细砂纸将烙头打磨光亮，通电烧热，蘸上松香后用烙铁头刃面接触焊锡丝，使烙铁头上均匀地镀上一层锡。这样做便于焊接和防止烙铁头表面氧化。旧的烙铁头如严重氧化而发黑，可用钢锉锉去表层氧化物，使其露出金属光泽后，重新镀锡，才能使用。

5. 环境要求与安全要求

（1）环境要求

① 操作平台不允许放置其他器件、工具与杂物，要保持整洁。

② 在操作过程中，工具与器件不得乱摆乱放，注意规范整齐，在万能板上安装元器件时，要注意前后，上下位置。

③ 操作结束后，要将工位整理好，收拾好器材与工具，清理台面和地上杂物，关闭电源。

④ 将器材与工具分类放入工具箱，并摆放好凳子，方能离开。

（2）安装过程的安全要求

安装过程必须要有“安全第一”的意识，具体要求如下：

① 进入实训室，劳保用品必须穿戴整齐；不穿绝缘鞋一律不准进入实训场地。

② 电烙铁插头最好使用三极插头，要使外壳妥善接地。

③ 电烙铁使用前应仔细检查电源线是否有破损现象，电源插头是否损坏，并检查烙铁头有无松动。

④ 焊接过程中，电烙铁不能随处乱放。不焊时，应放在烙铁架上。注意烙铁头不可碰到电源线，以免烫坏绝缘层发生短路事故。

⑤ 使用结束后，应及时切断电源，拔下电源插头。待烙铁冷却后放入工具箱。

⑥ 实训过程应执行7S管理标准备，安全有序进行实训。

学习活动3　现场施工

学习过程

安装步骤：

1. 单相桥式整流电路图，如图1-8所示。

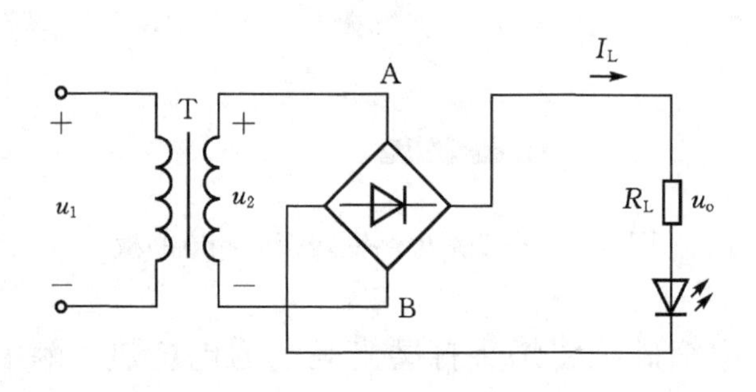

图1-8　单相桥式整流电路图

2. 根据图纸进行电路的安装。

根据上图，在万能板上进行安装与测试，具体步骤如图1-9所示。

（1）4只二极管的负极在上，正极在下，接上电阻与发光二极管，注意极性。二极管安装时，成90°角，悬空卧式垂直安装板面便于散热，间距在1～2 mm。

（2）连接线可用多余引脚或细铜丝，使用前先进行上锡处理，增强粘合性。

（3）连接线应遵循横平竖直连线原则，同一焊点连接线不应超过2根。

（4）电路各焊接点要可靠，光滑，牢固。

3. 接入交流电源，用万用表合适的交流电压档测量输入电压值。

图1-9　电路的安装

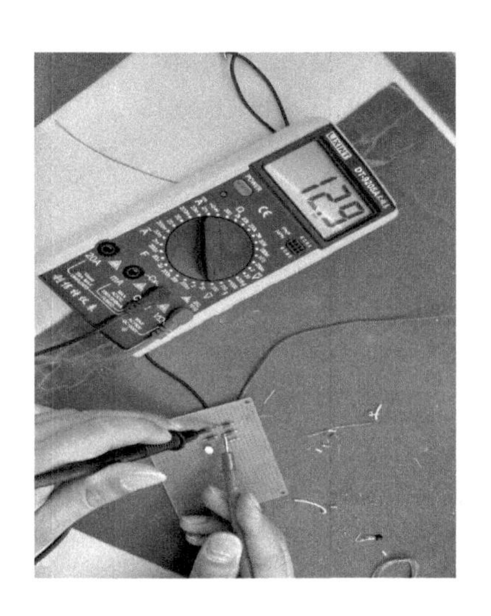

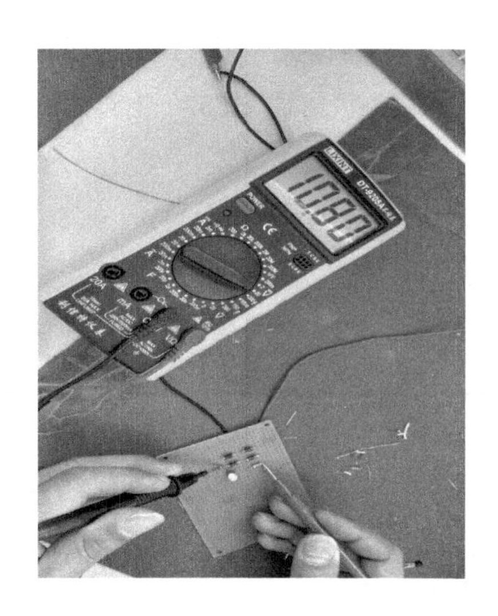

图1-10　用万用表测量输入电压值

4. 以小组为单位，选出组长，任课教师对组长进行重点指导。组长负责检查指导本组学员完成电路安装调试任务。

任务电路		第____组组长		完成时间	
基本电路安装	1. 根据所给电路原理图，绘制电路接线图。				

<table>
<tr><td></td><td>2. 根据接线图，安装并焊接电路，并写出电路工作原理。</td></tr>
<tr><td>电路调试</td><td>1. 用万用表检测电路。
<table><tr><td>输入___电压</td><td>V</td><td>输出___电压</td><td>V</td></tr><tr><td>A、B两端电压</td><td></td><td>Uo两端电压</td><td></td></tr><tr><td>B、A两端电压</td><td></td><td>反测Uo两端电压</td><td></td></tr></table>
2. 根据测量结果，比较一下直流电与交流电，说说这两者的区别。</td></tr>
</table>

学习活动4　总结评价

学习过程

一、总结评价

任务电路		第___组组长		完成时间	
自我总结	1. 任务单完成情况 2. 工作准备情况				

<table>
<tr><td></td><td>3. 任务实施情况

4. 个人收获情况</td></tr>
<tr><td>小组评价</td><td>（以小组为单位，组长检查本组成员完成情况，可任意指定本组成员将相关情况进行总结汇报。）</td></tr>
</table>

二、小组互评

根据每个小组的完成情况给出各小组本任务的综合成绩，并根据人员汇报情况（表达方式，表达能力，创新能力，综合素质等）相应加分。

三、教师评价

教师根据各小组任务完成情况给出各小组本任务综合成绩。

学习任务评价表

序号	主要内容		考核要求	评分标准	配分	自我评价	小组互评	教师评价
1	职业素质	劳动纪律	按时上下课，遵守实训现场规章制度	上课迟到、早退、不服从指导老师管理，或不遵守实训现场规章制度扣1～5分	5			

		工作态度	认真完成学习任务，主动钻研专业技能	上课学习不认真，不能按指导老师要求完成学习任务扣1～5分	5			
		职业规范	遵守电工操作规程及规范	不遵守电工操作规程及规范扣1～5分	5			
2	明确任务		填写工作任务相关内容	工作任务内容填写有错扣1～5分	5			
3	工作准备		1.按考核图提供的电路元器件，查出单价并计算元器件的总价，填写在元器件明细表中 2.检测元器件	正确识别和使用万用表检测各种电子元器件。 元件检测或选择错误扣1～5分	10			
4	任务实施	安装工艺	1.按焊接操作工艺要求进行，会正确使用工具。 2.焊点应美观、光滑牢固、锡量适中匀称、万能板的板面应干净整洁，引脚高度基本一致。	1. 万用表使用不正确扣2分 2. 焊点不符合要求每处扣0.5分桌面凌乱扣2分 3. 元件引脚不一致每个扣0.5分	10			
4	任务实施	安装正确及测试	1. 各元器件的排列应牢固、规范、端正、整齐、布局合理、无安全隐患。 2. 测试电压应符合原理要求。 3. 电路功能完整	1. 元件布局不合理安装不牢固，每处扣2分。 2. 布线不合理，不规范，接线松动，虚焊，脱焊接触不良等每处扣1分。 3. 测量数据错误扣5分。 4. 电路功能不完整少数处扣10分	40			
		故障分析及排除	分析故障原因，思路正确，能正确查找故障并排除	1. 实际排除故障中思路不清楚，每个故障点扣3分 2. 每少查出一个故障点扣5分 3. 每少排除一个故障点扣3分 4. 排除故障方法不正确，每处扣5分	10			

5	创新能力	工作思路、方法有创新	工作思路、方法没有创新扣10分	10			
备注		合计		100			
		指导教师签字	年　月　日				

任务二　简单直流稳压电源的安装与测试

一、特殊二极管

1. 稳压管

稳压二极管是利用二极管的反向击穿特性来实现稳压的。

稳压二极管总是工作在反向击穿状态，当其击穿后，只要限制其工作电流，使稳压二极管始终工作在允许功耗内，就不会损坏管子。所以，稳压二极管的反向击穿是可逆的，而普通二极管的反向击穿是不可逆的。

稳压二极管的动态电阻R_Z实际上反映了稳压二极管的稳压特性，R_Z越小越好。利用稳压二极管给负载提供稳定电压时，一般要设限流电阻。稳压管的伏安特性曲线和电气符号如图1-11所示。

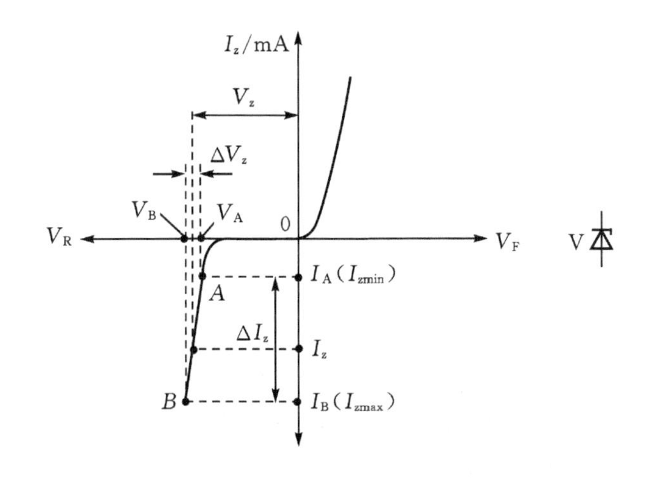

图1-11　稳压管的伏安特性曲线及符号

2. 光电二极管

光电二极管又称光敏二极管，其PN结工作在反向偏置状态，它是利用半导体的光敏特性制造的光接收器件。当受到光线照射时，反向电阻显著变化，正向电阻不变。

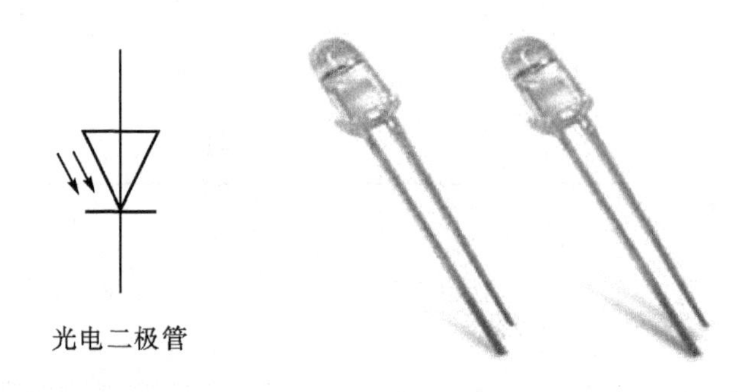

图1-12　光电二极管符号及实物

3. 电容器

电容器，通常简称其容纳电荷的本领为电容，用字母C表示。

定义：任何两个彼此绝缘且相隔很近的导体（包括导线）间都构成一个电容器。

特点：

① 它具有充放电特性和阻止直流电流通过，允许交流电流通过的能力。

② 在充电和放电过程中，两极板上的电荷有积累过程，即电压有建立过程，因此，电容器上的电压不能突变。

电容器的充电如图1-13所示：两板分别带等量异种电荷，每个极板带电量的绝对值叫电容器的带电量。

电容器的放电：电容器两极正负电荷通过导线中和。在放电过程中导线上有短暂的电流产生。

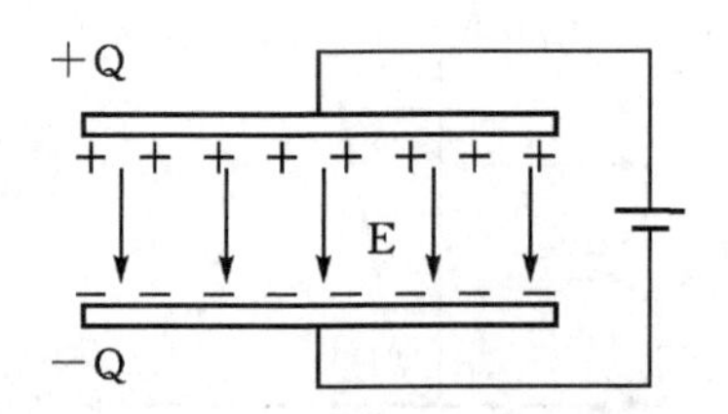

图1-13　电容充电过程

③ 电容器的容抗与频率、容量之间成反比。即分析容抗大小时就得联系信号的频率高低、容量大小。电容器是电子设备中大量使用的电子元件之一，广泛应用于电路中的隔直通交，耦合，旁路，滤波，调谐回路，能量转换，控制等方面。

4. 滤波电路

滤波电路作用是尽可能减小脉动的直流电压中的交流成分，保留其直流成分，使输出电压纹波系数降低，波形变得比较平滑。一般由电抗元件组成。如在负载电阻两端并联电容器C，或与负载串联电感器L，以及由电容，电感组成而成的各种复式滤波电路。图1-14为桥式整流滤波电路。

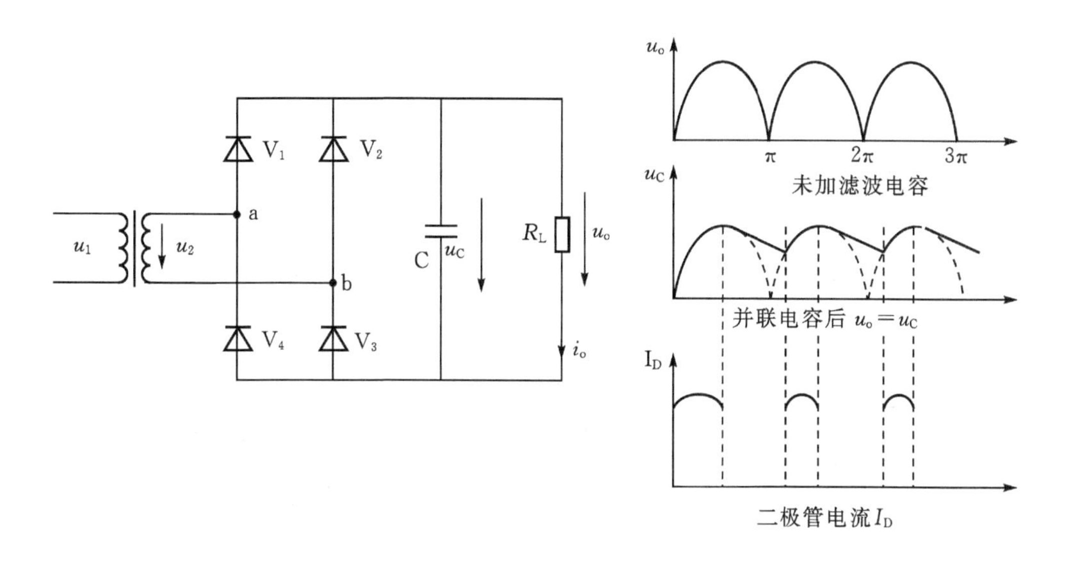

图1-14　桥式整流滤波电路

（1）电容滤波的特点：

① R_L越大，电容放电越慢，输出直流电压平均值越大，滤波效果也越好；反之，输出电压低且滤波效果差。

② 当滤波电容较大时，在接通电源的瞬间会有很大的充电电流，称为浪涌电流。

③ 电容滤波适用于负载电流较小且变化不大的场合。

（2）电容滤波整流电路负载电压的估算

单相桥式整流电容滤电路输入交流电压有效值为U_2时，负载两端电压平均值，空载时为$\sqrt{2}U_2$，带负载时约为$1.2U_2$，整流二极管上的最大反向工作电压$U_{RM}=\sqrt{2}U_2$，通过的平均电流为$\frac{1}{2}I_L$。

例1.2　单相桥式整流电容滤波电路，要求输出直流电压为12V，负载电流为50 mA，试选用合适的整流二极管和滤波电容容量。

解：（1）整流二极管的选择

电源变压器二次侧绕组电压有效值为

$$U_2=\frac{U_L}{1.2}=\frac{12}{1.2}=10\text{V}$$

流过每只二极管的平均电流为

$$I_F = \frac{1}{2} I_L = \frac{1}{2} \times 50 = 25\ (\text{mA})$$

每只二极管承受的最大反向电压为

$$U_{RM} = 2\sqrt{U_2} \approx 1.4 \times 10 \approx 14\ (\text{V})$$

查晶体管手册，可选用整流二极管2CZ52B（I_F=100mA，U_{RM}=50V）。

（2）滤波电容的选择

参考下表1-4，可选用容量为220μF，耐压为25V的电容电容。

表1-4　滤波电容容量选取的参数值

输出电流/A	2	1	0.5~1	0.1~0.5	100 mA以下	50 mA以下
电容的容量/μF	4000	2000	1000	470	220~`470	220

5. 并联型稳压电路如图1-15所示。

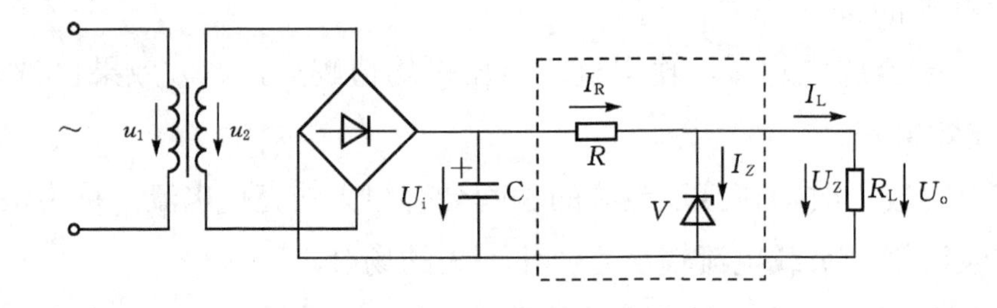

图1-15　并联型稳压电路

当任何因素，例如U_i增加，引起输出电压U_o增加时，将发生下述自动调节过程：

$$U_i\uparrow \longrightarrow U_o\uparrow \xrightarrow{\text{稳压管特性}} I_Z\uparrow \xrightarrow{I_Z+I_L} I_R\uparrow \xrightarrow{I_R R} U_R\uparrow$$

$$U_o\downarrow \xleftarrow{U_i-U_R}$$

即任何因素引起的输出电压的增加量，被电路的自动调节引起的减少量抵消，维持输出电压的基本恒定。

课后习题

1. 稳压管是利用二极管的什么特性来实现稳压的？
2. 绘制稳压二极管的特性曲线。
3. 滤波电路是利用电容的什么特性来进行滤波的？
4. 设计一个半波整流滤波电路，并简述工作原理？
5. 简述并联型稳压电路的工作原理？

任务二 实训 简单直流稳压电源的安装与测试

工作任务描述：

校办工厂接到一企业工作任务，要求设计一款新型的LED夜光灯。要求低功耗低成平。现将这个任务交给家电维修队，需在一周之内解决问题。

工作流程与活动

1. 明确任务
2. 工作准备
3. 现场施工
4. 总结评价

学习目标

知识与技能：

1. 了解稳压二极管的外形和电路符号。
2. 了解稳压二极管的伏安特性。
3. 会判别稳压二极管的好坏。
4. 会使用示波器测量和观察整流滤波电路的输出波形。

学习活动1　明确工作任务

学习过程

一、根据任务单了解所要解决的问题，说出本次任务的工作内容、时间要求等信息。

任务单

编号： 102

电路名称		制作单位		核心元件	
工作内容					
开工时间			竣工时间		
达到效果					

1. 根据任务单，查阅任务单中设备的基本情况并填写。
2. 查阅并画出该型号电路的原理图。
3. 学习并掌握并联型整流稳压电路工作原理。

学习活动2　工作准备

学习过程

1. 准备工具和器材

（1）工具

本次作任务所需要的工具见表1-5。

表1-5　工具

编号	名称	规格	数量
1	单相交流电源	15V（或6～15V）	1个
2	万用表	可选择	1只
3	电烙铁	15～30 W	1把
4	烙铁架	可选择	1只
5	示波器	单踪示波器	1台
6	电子实训通用工具	尖嘴钳、斜口钳、镊子、螺丝刀（一字和十字）	1套

（2）器材

本次任务所需要器材见表1-6。

表1-6　器材

编号	名称	规格	数量	单价
1	万能板	8×8mm	1块	
2	二极管	IN4007	4只	
3	电阻	390Ω～1KΩ	1只	
4	发光二极管	高亮白色	1只	
5	稳压管	6.2V	1只	
6	电容器	220μF	1只	
7	焊接材料	焊锡丝、松香助焊剂、连接导线等	1套	
8	成本核算	人工费	总计	

2. 根据以上所列器材，分别查出各元件的价格，并核算出总价。

3. 稳压二极管的识别、检测和选用

（1）正、负电极的判别

从外形上看，金属封装稳压二极管管体的正极一端为平面形，负极一端为半圆面形。塑封稳压二极管管体上印有彩色标记的一端为负极，另一端为正极。对标志不清楚的稳压二极管，也可以用万用表判别其极性，测量的方法与普通二极管相同，即用数字万用表检测二极管档，将两表笔分别接稳二极管的两个电极，测出一个结果后，再对调两表笔进行测量。在两次测量结果中，阻值较小那一次，即红表棒所接的那一极为正极，黑表棒所接的那一极为负极。若测得稳压二极管的正、反向电阻均很小或均为无穷大，则说明该二极管已击穿或开路损坏。

（2）稳压值的测量

用0～30V连续可调直流电源，对于12V以下直流稳压二极管。可将稳压电源的输出电压调至15V，将电源正极串接一只1k阻值的限流电阻后与被测稳压二极管的负极相连，电源负极与稳压管的正极相连，再用万用表测量稳压二极管两端的电压值。若稳压值高于12V，则将直流电压调高。

稳压二极管的检测，如图1-16所示。

步骤：

（1）将万用表选择开关转到测量二极管档测稳压二极管

红表棒在彩色端，黑表棒在黑色端。测量得1.395，表示正向导通。

黑表棒在彩色端，红表棒在黑色端。测量得值1，表示反向断开。

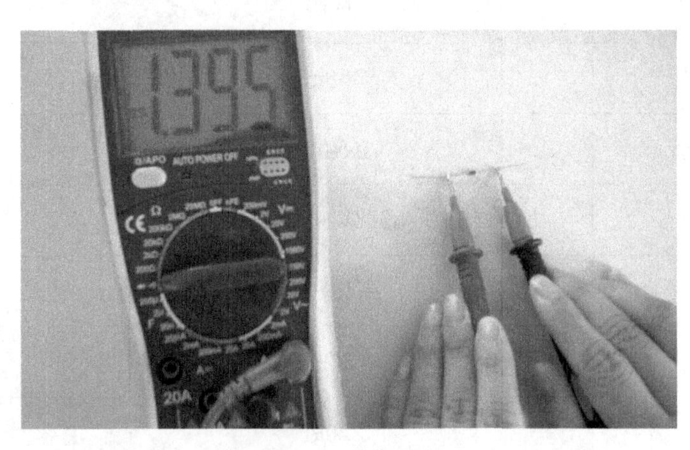

(a)

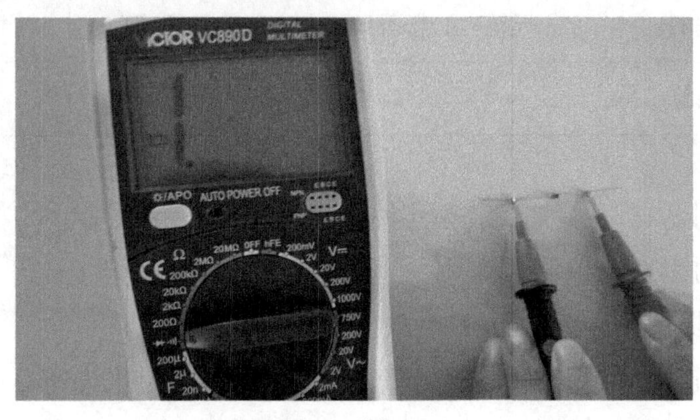

(b)

图1-16　稳压二极管的检测

以上测量结果表示，稳压二极管正常。

（2）学会用万用表检测下列元件如表1-7

表1-7　元件检测

编号	名称	型号	正向	反向
1	整流二极管			
2	稳压二极管			
3	电阻			
4	发光二极管			
5	电容器			

4. 示波器的使用

① 接通电源，电源指示灯亮，约20s后屏幕光迹出现，如果60s没有出现光迹，请重新检查控制旋钮的设置。

② 分别调节亮度、聚焦旋钮，使光迹亮度适中、清晰。

③ 调节通道1位移旋钮与光迹旋钮，使光迹与水平刻度平行。

④ 用探头将校正信号输入至通道1（CH1）输入端。

⑤将AC－GND－DC开关设置在AC状态，即出现校正方波在屏幕上。

5. 环境要求与安全要求

（1）环境要求

① 操作平台不允许放置其他器件、工具与杂物，要保持整洁。

② 在操作过程中，工具与器件不得乱摆乱放，注意规范整齐，在万能板上安装元器件时，要注意前后，上下位置。

③ 操作结束后，要将工位整理好，收拾好器材与工具，清理台面和地上杂物，关闭电源。

④ 将器材与工具分类放入工具箱，并摆放好凳子，方能离开。

（2）安装过程的安全要求

安装过程必须要有“安全第一”的意识，具体要求如下：

① 进入实训室，劳保用品必须穿戴整齐。不穿绝缘鞋一律不准进入实训场地。

② 电烙铁插头最好使用三极插头，要使外壳妥善接地。

③ 电烙铁使用前应仔细检查电源线是否有破损现象，电源插头是否损坏，并检查烙铁头有无松动。

④ 焊接过程中，电烙铁不能随处乱放。不焊时，应放在烙铁架上。注意烙铁头不可碰到电源线，以免烫坏绝缘层发生短路事故。

⑤ 使用结束后，应及时切断电源，拔下电源插头。待烙铁冷却后放入工具箱。

⑥ 实训过程应执行7S管理标准备，安全有序进行实训。

学习活动3　现场施工

学习过程

1. 单相桥式整流稳压电路图，如图1-17所示。

2. 根据图纸进行电路的安装。

根据上图，在万能板上进行安装与测试，具体步骤如图1-18所示。

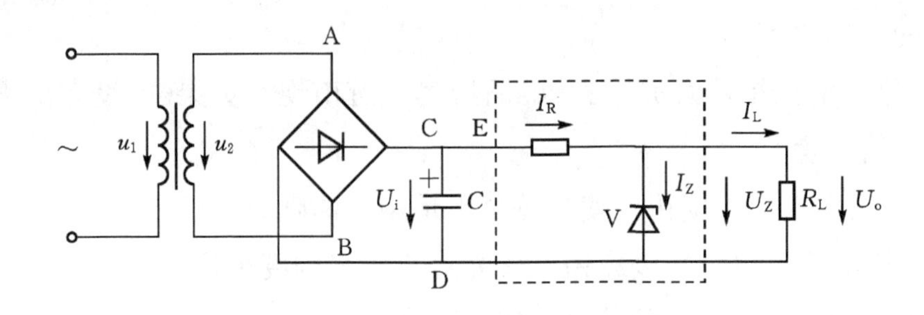

图1-17　单相桥式整流稳压电路图

图1-18　电路的安装与测试

① 4只二极管的负极在上，正极在下，串上电阻与发光二极管，注意极性。二极管安装时，成90°角，悬空卧式垂直安装板面便于散热，间距在1～2mm。

② 电容器并联在整流电路的输出端。限流电阻串联在整流电路后面。

③ 稳压二极管负极在上，即黑色端在上，彩色端在下，并联接在电阻电路后。

④ 连接线可用多余引脚或细铜丝，使用前先进行上锡处理，增强粘合性。

⑤ 连接线应遵循横平竖直连线原则，同一焊点连接线不应超过2根。

⑥ 电路各焊接点要可靠，光滑，牢固。

3. 以小组为单位，选出组长，任课教师对组长进行重点指导。组长负责检查指导本组学员完成电路安装调试任务。

任务电路		第___组组长		完成时间	
基本电路安装	1. 根据所学电路原理图，绘制电路接线图。 2. 根据接线图，安装并焊接电路，并写出电路工作原理。				

电路调试

1. 用万用表调试电路。

输入　电压	V	输出　电压	V
A、B两端电压		C、D两端电压	
B、A两端电压		断开E点、C、D两端电压	
		稳压二极管两端电压	
		R_L两端电压	
		通过负载的电流是多少	

2. 用示波器测出A、B两端的波形，C、D两端的波形

（1）SEC/DIV：____
（2）VOLTS/DIV：____
（3）U_2：____
（4）U_z：____

3. 根据测量结果，比较一下稳压二极管上的电压与R_L两端的电压有何特点。

4. 改变电容的容量，增加到470 μF看一下输出电流有什么变化，测出实际值。

学习活动4　总结评价

学习过程

一、自我总结评价

<table>
<tr><td>任务电路</td><td></td><td>第___组组长</td><td></td><td>完成时间</td><td></td></tr>
<tr><td>自我总结</td><td colspan="5">1. 任务单完成情况

2. 工作准备情况

3. 任务实施情况

4. 个人收获情况</td></tr>
<tr><td>小组评价</td><td colspan="5">（以小组为单位，组长检查本组成员完成情况，可任意指定本组成员将相关情况进行总结汇报）</td></tr>
</table>

二、小组互评

根据每个小组的完成情况给出各小组本任务的综合成绩，并根据人员汇报情况（表达方式，表达能力，创新能力，综合素质等）相应加分。

三、教师评价

教师根据各小组任务完成情况给出各小组本任务综合成绩。

学习任务评价表

<table>
<tr><td>序号</td><td colspan="2">主要内容</td><td>考核要求</td><td>评分标准</td><td>配分</td><td>自我评价</td><td>小组互评</td><td>教师评价</td></tr>
<tr><td rowspan="2">1</td><td rowspan="2">职业素质</td><td>劳动纪律</td><td>按时上下课，遵守实训现场规章制度</td><td>上课迟到、早退、不服从指导老师管理，或不遵守实训现场规章制度扣1～5分</td><td>5</td><td></td><td></td><td></td></tr>
<tr><td>工作态度</td><td>认真完成学习任务，主动钻研专业技能</td><td>上课学习不认真，不能按指导老师要求完成学习任务扣1～7分</td><td>5</td><td></td><td></td><td></td></tr>
</table>

续表

1	职业素质	职业规范	遵守电工操作规程及规范	不遵守电工操作规程及规范扣1～5分	5			
2	明确任务		填写工作任务相关内容	工作任务内容填写有错扣1～5分	5			
3	工作准备		1.按考核图提供的电路元器件，查出单价并计算元器件的总价，填写在元器件明细表中 2.检测元器件	正确识别和使用万用表检测各种电子元器件。 元件检测或选择错误扣1～5分	10			
4	任务实施	安装工艺	1.按焊接操作工艺要求进行，会正确使用工具 2.焊点应美观、光滑牢固、锡量适中匀称、万能板的板面应干净整洁，引脚高度基本一致	1. 万用表使用不正确扣2分 2. 焊点不符合要求每处扣0.5分 3. 桌面凌乱扣2分 4. 元件引脚不一致每个扣0.5分	10			
		安装正确及测试	1.各元器件的排列应牢固、规范、端正、整齐、布局合理、无安全隐患 2. 测试电压应符合原理要求 3.电路功能完整	1.元件布局不合理安装不牢固，每处扣2分。 2.布线不合理，不规范，接线松动，虚焊，脱焊接触不良等每处扣1分。 3.测量数据错误扣5分 4.电路功能不完整少一处扣10分	40			
		故障分析及排除	分析故障原因，思路正确，能正确查找故障并排除	1. 实际排除故障中思路不清楚，每个故障点扣3分 2. 每少查出一个故障点扣5分 3. 每少排除一个故障点扣3分 4. 排除故障方法不正确，每处扣5分	10			
5	创新能力		工作思路、方法有创新	工作思路、方法没有创新扣10分	10			
备注				合计	100			
				指导教师签字	年　月　日			

语音放大电路的安装与调试

学习过程

一、三极管的结构特点

1. 三极管分类

三极管又称晶体管，它由两个PN结构成。有NPN型和PNP型两类，它们的结构如图2-1所示。

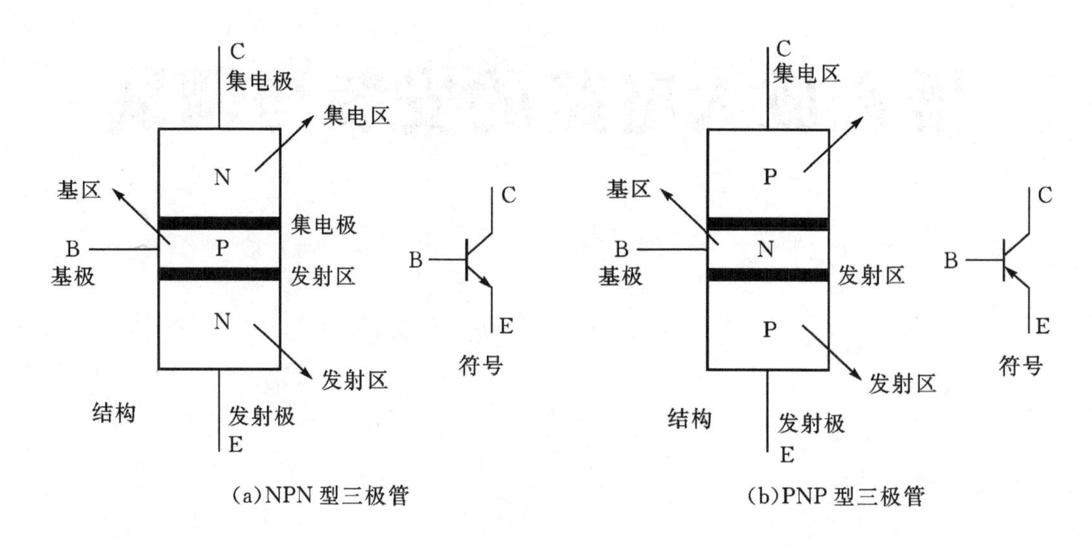

图2-1　三极管结构图

三极管有两个PN结，三个区，分别为基区，集电区和发射区。三个极，分别为发射极，集电极和基极。在三极管的符号中，射极上标有箭头，代表电流方向。

2. 三极管的电流放大作用

三极管的基本特性是电流放大性。

三极管具有电流放大能力的基本条件：发射结处于正向偏置状态，集电结处于反偏状态， 基极电流有一个很小的变化，集电极电流就有一个较大的变化，这就是三极管的交流电流放大性。

3. 三极管的电流放大倍数

$$\overline{\beta}=\frac{I_C}{I_B};\quad \beta=\frac{\Delta I_C}{\Delta I_B}$$

对于一般三极管而言，在低频状态运用时，其$\overline{\beta}\approx\beta$，因而没有必要区分$\overline{\beta}$和$\beta$。

4. 三极管的偏置电路

为三极管的各极提供工作电压的电路叫偏置电路，它由电源和电阻构成。NPN管和PNP管的基本偏置电路，分别如图2-2（a）、（b）所示。

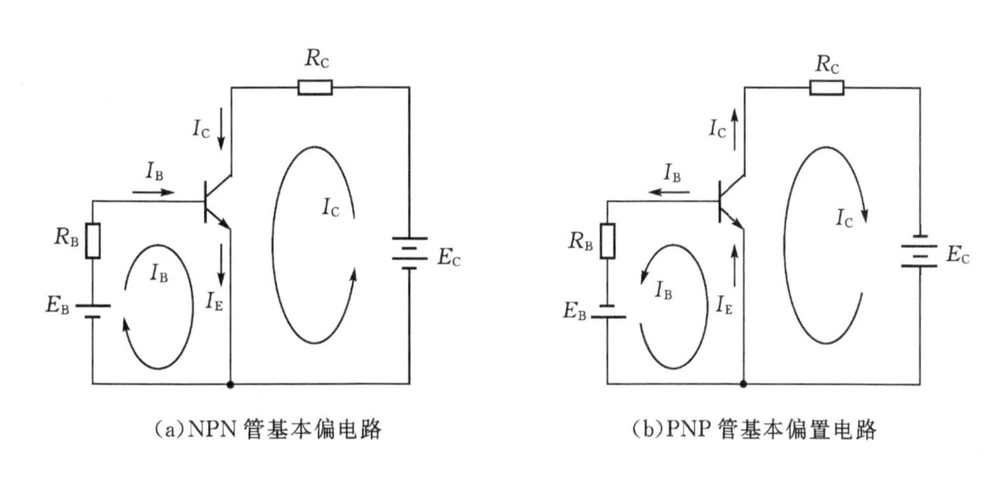

图2-2　三极管偏置电路

二、三极管的特性曲线

1. 输入特性曲线

输入特性曲线是指三极管在V_{CE}保持不变的前提下，基极电流I_B和发射结压降V_{BE}之间的关系。

由于发射结是一个PN结，具有二极管的属性，所以，三极管的输入特性与二极管的伏安特性非常相似。一般说来，硅管的门坎电压约为0.5V，发射结充分导通时，V_{BE}约为0.7V；锗管的门坎电压约为0.2V，发射结充分导通时，V_{BE}约为0.3V。

2. 输出特性曲线

输出特性曲线是指三极管在输入电流I_B保持不变的前提下，集电极电流I_C和V_{CE}之间的关系，如下图2-3所示。由图可见，当I_B不变时，I_C不随V_{CE}的变化而变化；当I_B改变时，I_C和V_{CE}的关系是一组平行的曲线族，并有截止、放大、饱和三个工作区。

（1）截止区

I_B=0特性曲线以下的区域称为截止区。此时，三极管的发射结电压小于门坎电压，三极管截止。

（2）放大区

当E_B增大而使三极管的发射结导通时，就会出现I_B。此时，若I_B增大，I_C按$I_C=\beta I_B$的关系进行增大，三极管进入放大区。在放大区，三极管具有电流放大作用。此时三极管的发射结处于正偏，集电结处于反偏。

（3）饱和区

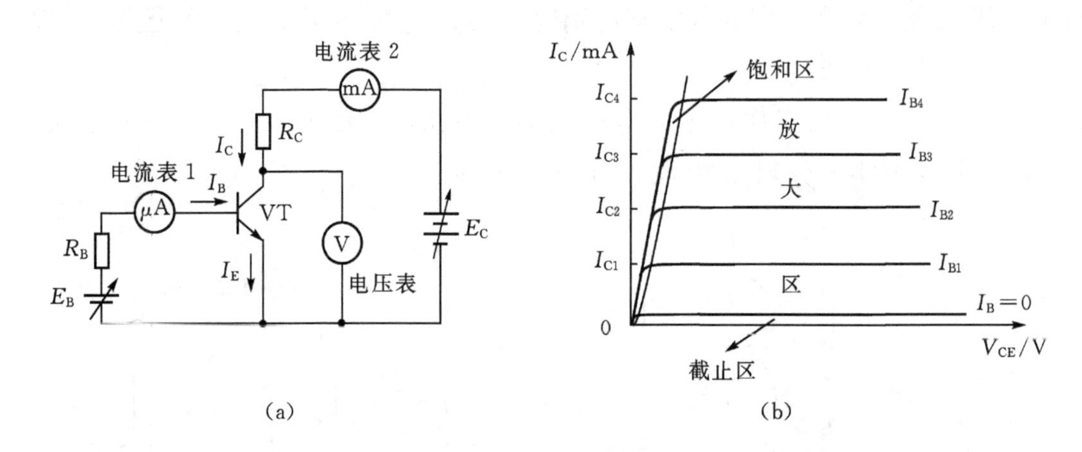

图2-3 三极管的特性曲线

对于硅管来说，当V_{CE}降低到小于0.7V时，集电结也进入正向偏置状态，集电极收集电子的能力将下降，此时I_B再增大，I_C几乎不再增大了，三极管失去了电流放大作用，此时，称三极管饱和，这种工作状态称为饱和状态。

在饱和状态下，三极管集电极电流为：
$$I_{CS}=\frac{E_C-V_{CES}}{R_C}=\frac{E_C-0.3}{R_C}\approx\frac{E_C}{R_C}$$

在饱和状态下，集电极电流不受基极电流控制，$I_C=\beta I_B$的关系也不再成立。三极管的开关作用：

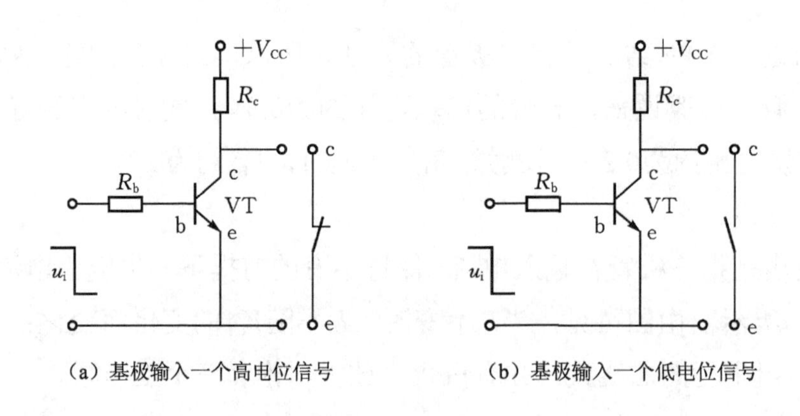

图2-4 NPN三极管的开关状态

当基极b输入一个高电位控制信号时三极管VT饱和导通，C、E间相当于闭合的开关。

当基极b高电位控制信号撤离后（输入低电位），管子截止，C、E间相当于断开的开关。

（4）三极管工作状态的判别

对NPN型三极管，基极电压大于发射极，集电极电压大于基极，就是发射结正偏，集电结反偏，处于放大状态，$U_c>U_b>U_e$。

对PNP型三极管，基极电压小于发射极电压，集电极电压小于基极，就是发射结正偏，集电结反偏。处于放大状态，$U_e>U_b>U_c$。

工作状态	发射结	集电结
放大状态	正偏	反偏
饱和状态	正偏	正偏或零偏
截止状态	反偏或零偏置	反偏

三、基本共射放大器的组成

1. 认识共射放大器

基本共射放大器如下图2-5所示，射极作为参考点，定义为“地”，用符号“⊥”表示，并规定地线的电位为0V，电路中其他各点的电压，都是指该点对地的电压。

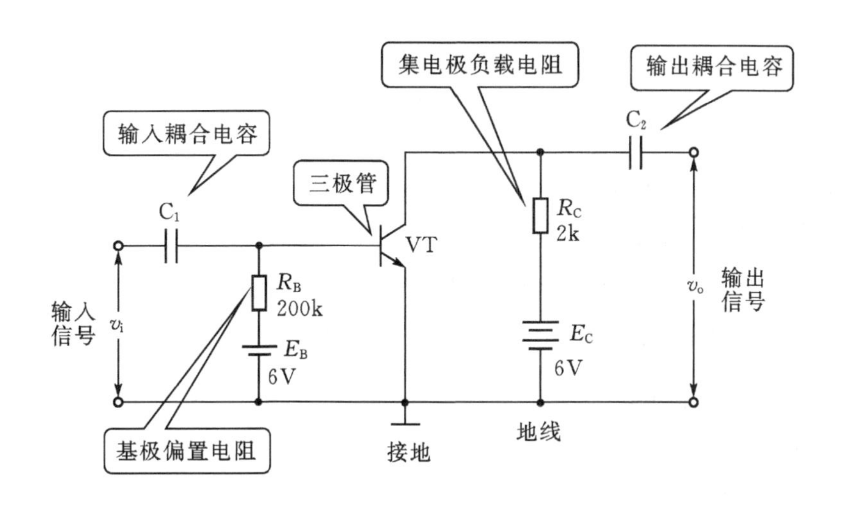

图2-5　三极管共射放大电路

三极管：它是电路中的核心元件，起电流放大作用。

E_C：是集电极回路的直流电源，为三极管集电极提供偏置电压。

R_C：是集电极电阻，又称集电极负载电阻，它的作用是将集电极电流I_C的变化转变为集电极电压V_{CE}的变化。

E_B：是基极回路的直流电源，为BE提供正偏电压。

R_B：为基极偏置电阻，E_B经R_B向基极提供一个合适的基极电流，该电流称为基极偏置电流：$I_B = \frac{E_B - V_{BE}}{R_B} = \frac{E_B - 0.7}{R_B}$

电容C_1和C_2：称为耦合电容。它们在电路中的作用是“隔直通交”，即只让交流信号通过，而阻止直流通过。

2. 基本共射放大器的基本形式

如果将R_B的一端接在三极管的B极，另一端接在E_C的正端，就可以将E_B省略。变形后的电路如下图2-6（a）所示。在画电路图时，电源符号通常不必画出，只需加以标记即可。这样电路可进一步变形为图2-6（b）所示的形式。

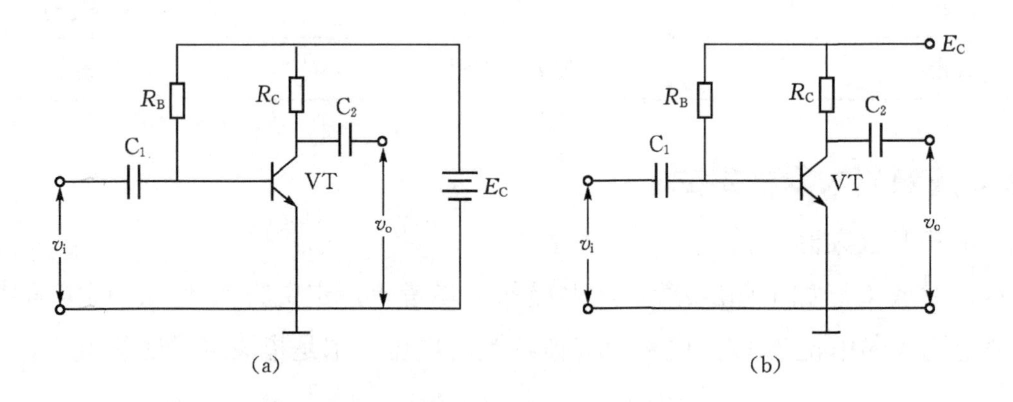

图2-6　三极管共射放大电路

3. 基本共射放大器的分析

（1）放大器中有关符号的规定

直流分量：用大写字母带大写下标符号来表示。

交流（即信号）分量：用小写字母带小写下标符号来表示。

交流、直流叠加后的电流或电压：用小写字母带大写下标符号来表示。

（2）直流通路与交流通路

直流通路：直流成份所通过的路径。交流通路：交流成份所通过的路径。在画直流通路时，将电容视为开路。画交流通路时，电容和直流电源均视为短路。例如，画图2-7（a）所示的放大器的直流通路和交流通路。根据画直流通路和交流通路的方法，可画出直流通路和交流通路，如图2-7（b）、（c）所示。

对于直流而言，R_B相当于串联在三极管的基极，R_C相当于串联在三极管的集电极。对于交流而言，R_B相当于并联在三极管的B、E之间，R_C相当于并联在三极管的C、E之间。

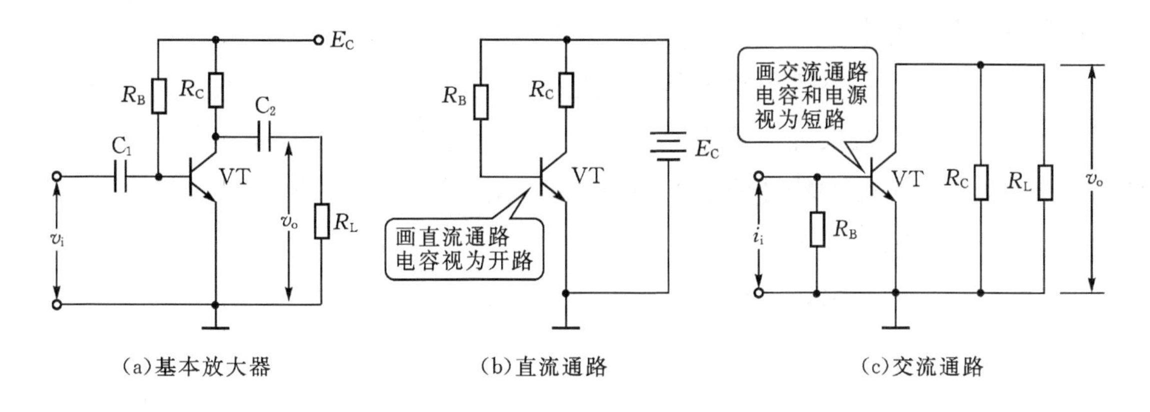

图2-7　共射放电路的直流通路交流通路

4. 静态工作点的计算

静态：无信号输入时，放大器所处的状态。

动态：有信号输入时，放大器所处的状态。

在静态时，三极管各极电流和电压值称为静态工作点。

对于基本共射放大器来说，静态工作点常用I_{BQ}、V_{BQ}、I_{CQ}及V_{CQ}来描述。

计算静态工作点时，先画出直流通路，再根据直流通路来计算。

对于图3-3（a）所示的放大器，其直流通路如图3-3（b）所示，下面来推导静态工作点的计算公式。

$$I_{BQ}=\frac{E_C-V_{BQ}}{R_B}=\frac{E_C-0.7}{R_B}\approx\frac{E_C}{R_B}$$（当$E_C>>V_{BQ}$时，V_{BQ}可忽略）

$$I_{CQ}=\beta I_{BQ}$$

$$V_{CQ}=E_C-I_{CQ}\cdot R_{CQ}$$

若三极管的β值为50，将R_B、R_C及β值代入上述公式，则可得：

$$I_{BQ}=\frac{E_C-V_{BQ}}{R_B}=\frac{E_C-0.7}{R_B}\approx\frac{E_C}{R_B}=\frac{12}{240}=0.05\ \text{mA}$$

$$I_{CQ}=\beta I_{BQ}=50\times0.05=2.5\ \text{mA}$$

$$V_{CQ}=E_C-I_{CQ}\cdot R_C=12-2.5\times2=7\ \text{V}$$

故电路的工作点为：I_{BQ}=0.05 mA、I_{CQ}=2.5 mA、V_{CQ}=7 V。

（1）用图解法计算Q点

三极管的电流、电压关系可用输入特性曲线和输出特性曲线表示，我们可以在特性曲线上，直接用作图的方法来确定静态工作点。用图解法的关键是正确的作出直流负载线，通过直流负载线与$i_B=I_{BQ}$的特性曲线的交点，即为Q点。读出它的坐标即得I_C和U_{CE}。

图解法求Q点的步骤为：

① 通过直流负载方程画出直流负载线（直流负载方程为$U_{CE}=U_{CC}-i_CR_C$）

② 由基极回路求出I_B。

③ 找出$i_B=I_B$这一条输出特性曲线与直流负载线的交点就是Q点。读出Q点的坐标即为所求。

例2-1　如图（2-8）所示电路，已知R_b=280kΩ，R_c=3kΩ，U_{CC} =12 V，三极管的输出特性曲线如图（a）所示，试用图解法确定静态工作点。

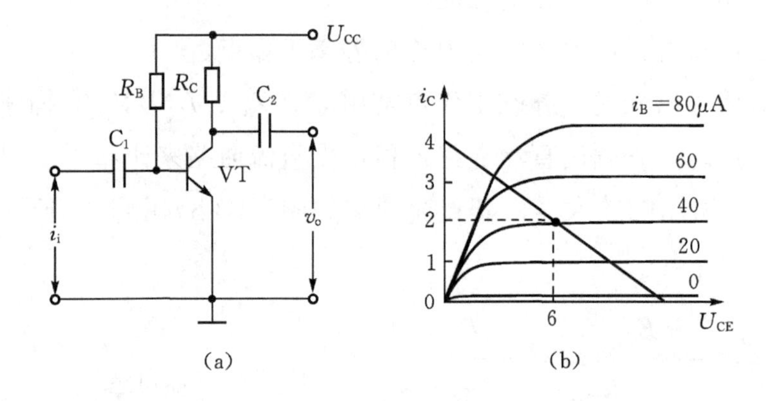

图2-8　例2-1图

解：（1）画直流负载线：因直流负载方程为$U_{CE}=U_{CC}-i_CR_C$，i_C=0，$U_{CE}=U_{CC}$=12 V；I_{CE}=4 mA，$i_C=U_{CC}/R_C$=4 mA，连接这两点，即得直流负载线：如图2-8（b）中的斜线。

（2）通过基极输入回路，求得I_B=（$U_{CC}-U_{BE}$）/R_C=40 μA。

（3）找出Q点（如图（b）所示），因此I_C=2mA；U_{CE}=6V。

（2）电路参数对静态工作点的影响

静态工作点的位置在实际应用中很重要，它与电路参数有关。下面我们分析一下电路参数R_b，R_c，U_{cc}对静态工作点的影响。

改变R_b	改变R_c	改变U_{cc}
R_b变化，只对I_B有影响R_b增大，I_B减小，工作点沿直流负载线下移。	R_c变化，只改变负载线的纵坐标R_c增大，负载线的纵坐标上移，工作点沿$i_B=I_B$这条特性曲线右移。	U_{cc}变化，I_B和直流负载线同时变化U_{cc}增大，I_B增大，直流负载线水平向右移动，工作点向右上方移动。

R_b减小，I_B增大，工作点沿直流负载线上移。	R_c减小，负载线的纵坐标下移，工作点沿i_B=I_B这条特性曲线左移	U_{cc}减小，I_B减小，直流负载线水平向左移动，工作点向左下方移动

例2-2　如图（2-9）所示，要使工作点由Q_1变到Q_2点应使（　　）

A．R_c增大；B．R_b增大；C．U_{cc}增大；D．R_c减小。

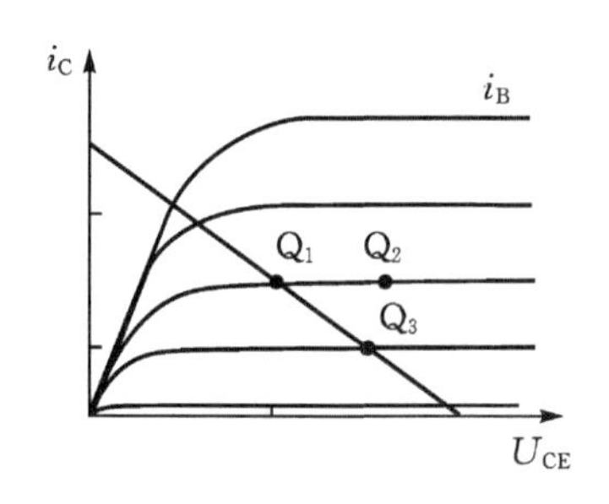

图2-9　例2-2图

答案为：A

要使工作点由Q_1变到Q_3点应使（　　）

A．R_b增大；B．R_c增大；C．R_b减小；D．R_c减小。

答案为：A

注意：在实际应用中，主要是通过改变电阻R_b来改变静态工作点。

我们对放大电路进行动态分析的任务是求出电压的放大倍数、输入电阻、和输出电阻。

（3）图解法分析动态特性

交流负载线的画法

交流负载线的特点：必须通过静态工作点，交流负载线的斜率由R_L''表示（$R_L''=R_c//R_L$）

交流负载线的画法（有两种）：

①先作出直流负载线，找出Q点；

作出一条斜率为R_L'的辅助线，然后过Q点作它的平行线即得。（此法为点斜式）

②先求出U_{CE}坐标的截距（通过方程$U''_{CC}=U_{CE}+I_C R''_L$）

连接Q点和U''_{CC}点即为交流负载线。（此法为两点式）

例2-3：作出图2-10（a）所示电路的交流负载线。已知特性曲线如图2-10（b）所示，U_{cc}=12V，R_c=3kΩ，R_L=3kΩ，R_b=280kΩ。

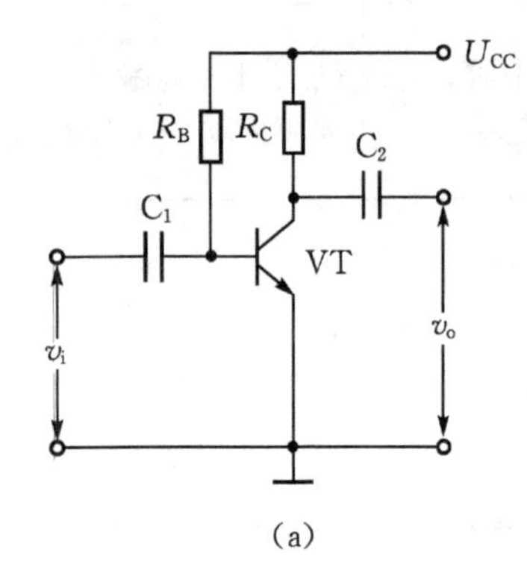

(a)

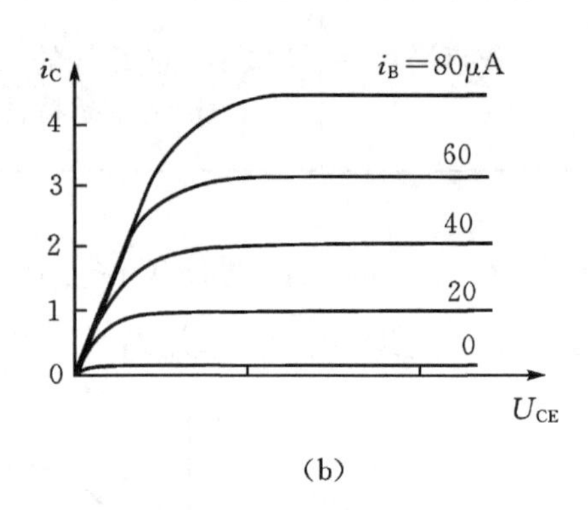

(b)

解：（1）作出直流负载线，求出点Q。

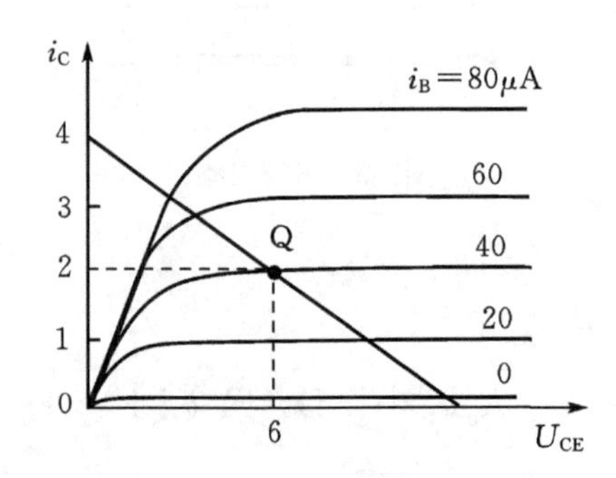

（2）求出点U''_{CC}，$U''_{CC}=U_{CE}+I_C R'_L$ =6+1.5×2=9 V。

（3）连接点Q和点U''_{CC}即得交流负载线（图2-10（c）中黑线即为所求）。

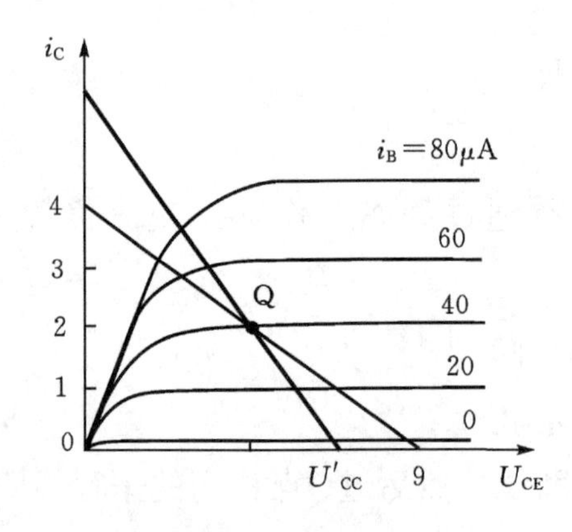

图2-10　例2-3图

交流负载线表示动态时工作点移动的轨迹，它是反映交流电流、电压的一条直线，因此也称交流负载线上的点为放大电路的动态工作点。

5. 放大器的放大原理

对于图2-11（a）所示的放大器来说，其放大原理可用图2-11（b）中的波形来解释。由波形图可见，输出波形v_o比v_i的幅度大得多，即信号得到了放大。且v_o与v_i相位相反。

6. 电压放大倍数（A_V）

输出信号电压v_o的幅度与输入信号电压v_i的幅度的比值称为电压放大倍数，用A_V表示。

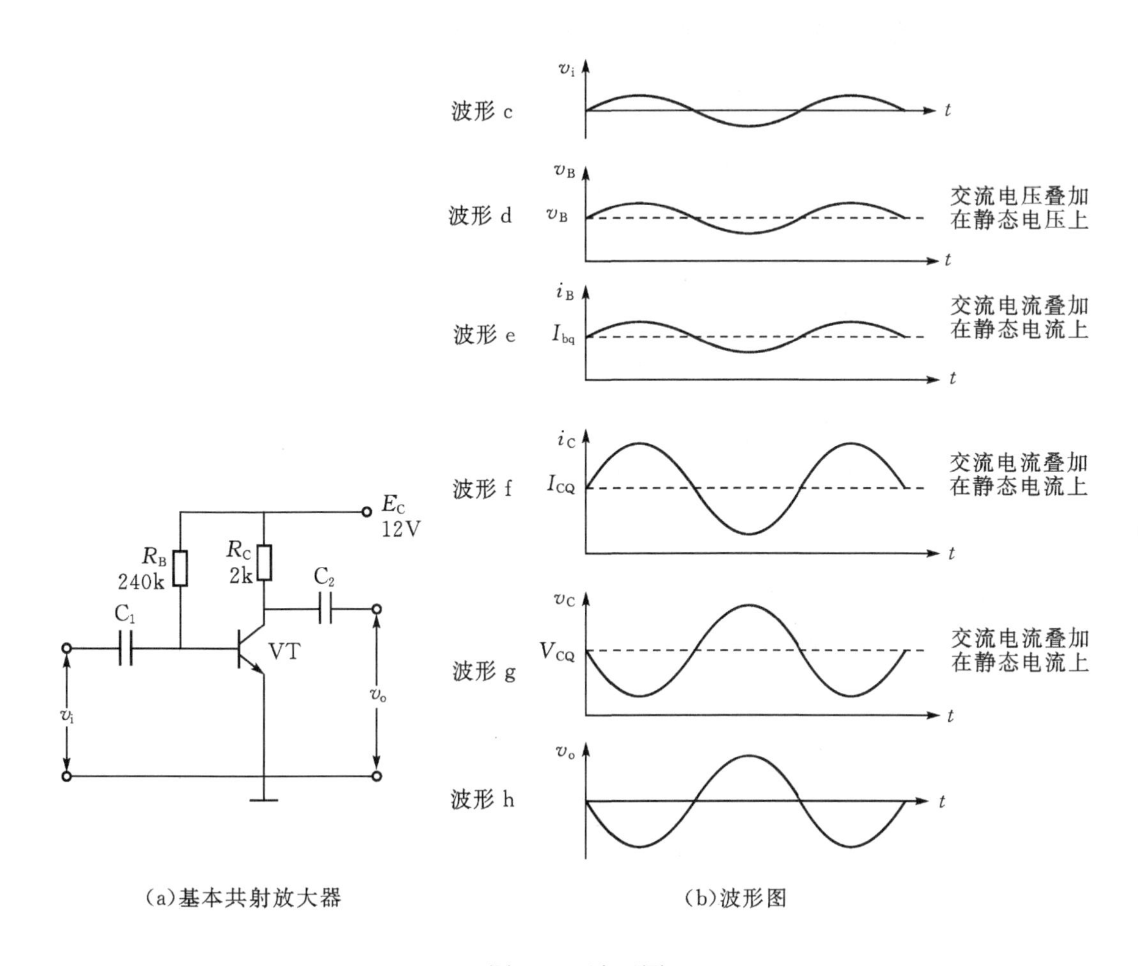

图2-11　波形图

应根据交流通路来计算电压放大倍数，图2-11（a）为基本放大器，图2-11（b）为其交流通路，则

$$A_v=\frac{v_O}{v_i}=\frac{i_C \bullet R'_L}{i_b \bullet r_{be}}=\beta\frac{R'_L}{r_{be}}$$

上式中，$R'_L=R_C//R_L=\dfrac{R_C \bullet R_L}{R_C+R_L}$（“//”号表示并联），$r_{be}$为三极管基极与发射极之间的等效电阻，$r_{be}$可用下式进行估算：

$$r_{be}=300+(\beta+1)\frac{26}{I_{EQ}}(\Omega)$$

式中，I_{EQ}为发射极静态电流，单位为mA。

许多书上给出的A_V计算公式为：$A_v = -\beta\frac{R'_L}{r_{be}}$。式中的“-”号仅表示输出信号电压与输入信号电压相位相反。

7. 输入电阻和输出电阻

输入电阻r_i：指放大器输入端对地的交流等效电阻。

输出电阻r_o：指放大器在空载时，输出端对地的交流等效电阻。由交流通路可知：

$$r_i = R_B // r_{be} = \frac{R_B \cdot r_{be}}{R_B + r_{be}}$$

$$r_o = R_C // r_{ce} \approx r_C$$

基本共射放大器的特点总结：

既有电流放大能力又有电压放大能力；

输出电压与输入电压相位相反；

放大器的输入电阻值由基极偏置电阻与r_{be}的并联值来决定，输出电阻值由三极管集电极电阻来决定。

8. 基本共射放大器分析举例

例2-4　基本共射放大器的电路如图2-12所示，三极管β=50，求（1）静态工作点；（2）未接负载电阻时的电压放大倍数及接上4k负载电阻时的电压放大倍数。

解：（1）求静态工作点。

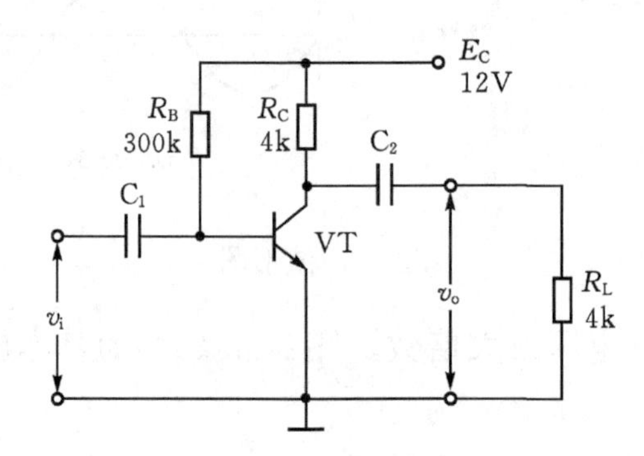

图2-12　例2-4图

$$I_{BQ} = \frac{E_C - V_{BQ}}{R_B} = \frac{E_C - 0.7}{R_B} \approx \frac{E_C}{R_B} = \frac{12}{300} = 0.04\ \text{mA}$$

$$I_{CQ} = \beta I_{BQ} = 50 \times 0.04 = 2\ \text{mA}$$

$$V_{CQ} = E_C - I_{CQ} \cdot R_C = 12 - 2 \times 4 = 4\ \text{V}$$

（2）求电压放大倍数A_V。

$$r_{be}=300+(\beta+1)\frac{26}{I_{EQ}}\approx 300+(\beta+1)\frac{26}{I_{CQ}}=300+(50+1)\frac{26}{2}=963\ \Omega=0.963\ \text{k}\Omega$$

未接负载时的电压放大倍数为A_{V1}，接4k负载时的电压放大倍数为A_{V2}

$$A_{v1}=\beta\frac{R'_L}{r_{be}}=\beta\frac{R_C}{r_{be}}=50\times\frac{4}{0.963}\approx 200$$

$$A_{v2}=\beta\frac{R'_L}{r_{be}}=\beta\frac{R_C/\!/R_L}{r_{be}}=50\times\frac{4/\!/4}{0.963}\approx 100$$

可见，放大器在空载时，电压放大倍数比带负载时要大。

工作任务描述：

当你感到物品太微小而无法看清楚时，会想到用放大镜放大后来看。在电子电路中，放大更是无处不在。若电子电路或设备具有把外界送给它的弱小电信号不失真地放大至所需数值并送给负载的能力，那么这个电路或设备就称为放大器。

本任务用大家熟悉的三极管和电阻电容制作简单的放大电路，并练习基本的调试技能。

工作流程与活动

1. 明确任务
2. 工作准备
3. 现场施工
4. 总结评价

学习目标

知识与技能：

1. 放大电路的概念。
2. 固定偏置放大电路的介绍。
3. 放大电路的静态工作点的设置。

学习活动1　明确工作任务

学习过程

一、根据任务单了解所要解决的问题，说出本次任务的工作内容、时间要求等信息。

任务单

编号：　201

电路名称		制作单位		核心元件	
工作内容					
开工时间			竣工时间		
达到效果					

1. 根据任务单，查阅任务单中设备的基本情况并填写。
2. 查阅电路原理图。
3. 学习并掌握共射极基本放大电路工作原理。

学习活动2　工作准备

学习过程

1. 准备工具和器材

（1）工具

本次作任务所需要的工具见表2-1。

表2-1 工具

编号	名称	规格	数量
1	单相交流电源	15V（或6～15V）	1个
2	万用表	可选择	1只
3	电烙铁	15～30W	1把
4	烙铁架	可选择	1只
5	电子实训通用工具	尖嘴钳、斜口钳、镊子、螺丝刀（一字和十字）	1套

（2）器材

本次任务所需要器材见表2-2。

表2-2 器材

编号	名称	规格	数量	单价
1	万能板	8×8 mm	1块	
2	三极管	9013	1只	
3	电容器	10 μF	2只	
4	开关		1只	
5	电阻器	47 kΩ	1只	
6	电阻器	2 kΩ	1只	
7	电阻器	1 kΩ	1只	
8	电位器	2.2 MΩ	1只	
9	焊接材料	焊锡丝、松香助焊剂、连接导线等	1套	
10	成本核算	人工费	总计	

① 根据以上所列器材，分别查出各元件的价格，并核算出总价。

② 半导体三极管的识别、检测和选用。

三极管的检测

步骤：

① 判定基极：用数字万用表二极管挡测量三极管三个电极中每两个极之间的正、反

向电阻值。当用第一根表笔接某一电极，而第二表笔先后接触另外两个电极均测得低阻值时，则第一根表笔所接的那个电极即为基极b。

② 判定三极管类型：注意万用表表笔的极性，如果红表笔接的是基极b。黑表笔分别接在其他两极时，测得的阻值都较小，则可判定基极假设正确，被测三极管为NPN型管。

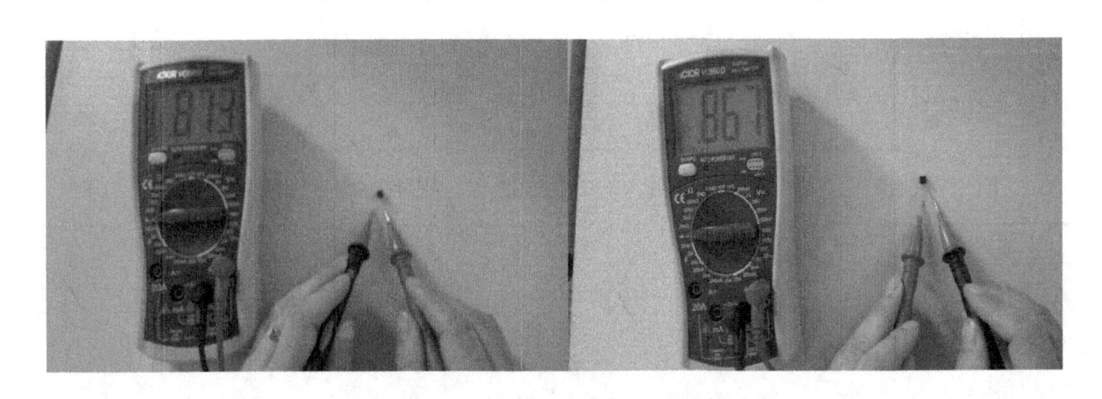

图2-13　测NPN型三极管

如果黑表笔接的是基极b，红表笔分别接触其他两极时，测得的阻值较小，则可判定基极假设正确，被测三极管为PNP型管。

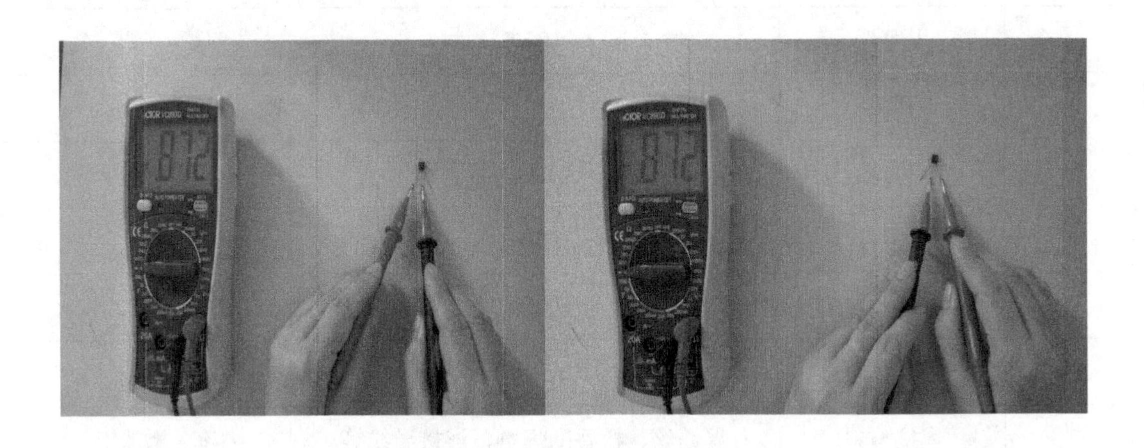

图2-14　测PNP型三极管

③ 在确定了三极管的基极和管型后，将数字万用表的转换开关打到HFE档，将三极管的基极按照基极的位置和管型插入万用表右上脚的插孔，显示放大倍数最大时，相对应插孔的电极即是三极管的集电极和发射极管。

常用三极管引脚的排列方式具有一定的规律，对于中小功率塑封式三极管按图使其平面朝向自己，三个引脚朝下放置，则从左到右依次为e、b、c。

2. 环境要求与安全要求

环境要求

① 操作平台不允许放置其他器件、工具与杂物，要保持整洁。

② 在操作过程中，工具与器件不得乱摆乱放，注意规范整齐，在万能板上安装元器件时，要注意前后，上下位置。

③ 操作结束后，要将工位整理好，收拾好器材与工具，清理台面和地上杂物，关闭电源。

④ 将器材与工具分类放入工具箱，并摆放好凳子，方能离开。

3. 安装过程的安全要求

安装过程必须要有“安全第一”的意识，具体要求如下：

① 进入实训室，劳保用品必须穿戴整齐。不穿绝缘鞋一律不准进入实训场地。

② 电烙铁插头最好使用三极插头，要使外壳妥善接地。

③ 电烙铁使用前应仔细检查电源线是否有破损现象，电源插头是否损坏，并检查烙铁头有无松动。

④ 焊接过程中，电烙铁不能随处乱放。不焊时，应放在烙铁架上。注意烙铁头不可碰到电源线，以免烫坏绝缘层发生短路事故。

⑤ 使用结束后，应及时切断电源，拔下电源插头。待烙铁冷却后放入工具箱。

⑥ 实训过程应执行7S管理标准备，安全有序进行实训。

学习活动3　现场施工

学习过程

安装步骤：

1. 共射极基本放大电路原理图（见图2-15）

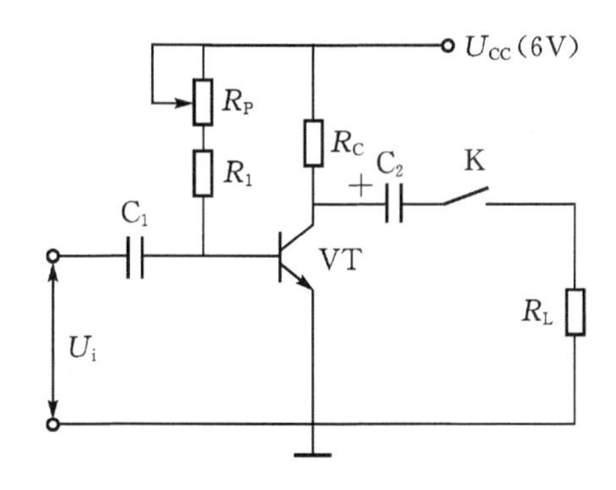

图2-15　共射极基本放大电路原理图

2. 根据图纸进行电路的安装

3. 根据电路原理图进行安装图的设计

先将元件脚按电路板安装孔位置成型，后装入元件，安装顺序是先装小型元件（电阻、三极管、电容）。

任务电路		第___组组长		完成时间	
基本电路安装	1. 根据所学电路原理图，绘制电路接线图。 2. 根据接线图，安装并焊接电路，写出电路工作原理。				
电路调试	1. 安装完成后，对照原理图和安装图进行检查。 2. 调整放大电路的静态工作点。断开信号源，将信号发生器输出旋至零，合上开关K，调节R_P，使三极管的U_{CE}=1.5v左右，用万用表测量出U_{CE}的值，将测量的结果记入表中。 3. 测量电压放大倍数。给放大电路输入端输入f=1kHZ，U_i=5mV的正弦交流信号，将开关K闭合，用示波器观察输出波形，用毫伏表测量输出电压U_O，记下波形和数据；将开关K断开，观察、测量放大电路输出端开路时的输出波形和输出电压U_{O1}，记下波形和数据。分别计算带负载和空载时的放大倍数，记录于下表中。 4. 调节R_P，观察波形变化，并记录于下表中。				

工作状态	U_{CE}	U_{BE}	A_U	输出波形
工作点合适				
工作点过高				
工作点过低				

学习活动4　总结评价

学习过程

一、自我总结评价

任务电路		第___组组长		完成时间	
自我总结	1. 任务单完成情况 2. 工作准备情况 3. 任务实施情况 4. 个人收获情况				
小组评价	（以小组为单位，组长检查本组成员完成情况，可任意指定本组成员将相关情况进行总结汇报。）				

二、小组互评

根据每个小组的完成情况给出各小组本任务的综合成绩，并根据人员汇报情况（表达方式，表达能力，创新能力，综合素质等）相应加分。

三、教师评价

教师根据各小组任务完成情况给出各小组本任务综合成绩。

学习任务评价表

序号	主要内容		考核要求	评分标准	配分	自我评价	小组互评	教师评价
1	职业素质	劳动纪律	按时上下课，遵守实训现场规章制度	上课迟到、早退、不服从指导老师管理，或不遵守实训现场规章制度扣1～5分	5			
		工作态度	认真完成学习任务，主动钻研专业技能	上课学习不认真，不能按指导老师要求完成学习任务扣1～5分	5			
		职业规范	遵守电工操作规程及规范	不遵守电工操作规程及规范扣1～5分	5			
2	明确任务		填写工作任务相关内容	工作任务内容填写有错扣1～5分	5			
3	工作准备		1. 按考核图提供的电路元器件，查出单价并计算元器件的总价，填写在元器件明细表中 2. 检测元器件	1. 正确识别和使用万用表检测各种电子元器件 2. 元件检测或选择错误扣1～5分	10			
4	任务实施	安装工艺	1. 按焊接操作工艺要求进行，会正确使用工具。 2. 焊点应美观、光滑牢固、锡量适中匀称、万能板的板面应干净整洁，引脚高度基本一致。	1. 万用表使用不正确扣2分 2. 焊点不符合要求每处扣0.5分 3. 桌面凌乱扣2分 4. 元件引脚不一致每个扣0.5分	10			
		安装正确及测试	1. 各元器件的排列应牢固、规范、端正、整齐、布局合理、无安全隐患。 2. 测试电压应符合原理要求。 3. 电路功能完整	1.元件布局不合理安装不牢固，每处扣2分 2.布线不合理，不规范，接线松动，虚焊，脱焊接触不良等每处扣1分 3.测量数据错误扣5分 4.电路功能不完整少一处扣10分	40			

		故障分析及排除	分析故障原因，思路正确，能正确查找故障并排除	1. 实际排除故障中思路不清楚，每个故障点扣3分 2. 每少查出一个故障点扣5分 3. 每少排除一个故障点扣3分 4. 排除故障方法不正确，每处扣5分	10			
5	创新能力		工作思路、方法有创新	工作思路、方法没有创新扣10分	10			
备注				合计	100			
				指导教师签字	年　月　日			

任务二　语音放大电路安装与调试2

知识准备

一、基极分压式共射放大器

1. 基极分压式共射放大器的结构

基极分压式共射放大器如图2-16所示，R_{B1}接在基极与电源之间，称为上偏电阻，R_{B2}接在基极与地之间，称为下偏电阻；射极接有电阻R_E，常称该电阻为射极电阻。电路要求满足$I_2>>I_{BQ}$。

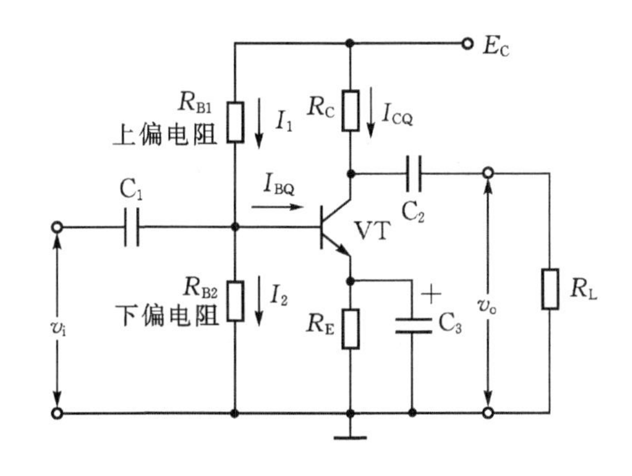

图2-16　基极分压式共射放大器

在基极分压式共射放大器中，三极管B、E之间的静态电压用V_{BEQ}表示，射极对地的静态电压用V_{EQ}表示，C、E之间的静态电压用V_{CEQ}表示，其他静态量的表示方法仍同基本共射放大器。

R_E能稳定静态工作点。例如，当温度T上升而起I_{CQ}上升时，电路稳定工作点的过程如下：

$$T\uparrow\rightarrow I_{CQ}\uparrow\rightarrow I_{EQ}\uparrow\rightarrow V_{EQ}\uparrow\rightarrow V_{BEQ}\ (V_{BQ}\text{-}V_{EQ})\downarrow\rightarrow I_{BQ}\downarrow\rightarrow I_{CQ}\downarrow$$

会使电压放大倍数下降。解决的方法是，在R_E旁边并联一个大电容C_3，常称C_3为旁路电容。

2. 基极分压式共射放大器的定量分析

（1）静态工作点的计算

基极分压式共射放大器如图2-17（a）所示，直流通路如图2-17（b）所示，交流通路如图2-17（c）。这种电路的静态工作点包含V_{BQ}、I_{BQ}、I_{CQ}、V_{CEQ}四个量，计算步骤为：

① 求出V_{BQ}；

② 求出I_{EQ}，通过I_{EQ}求出I_{CQ}及V_{CEQ}；

③ 利用I_{CQ}求出I_{BQ}。

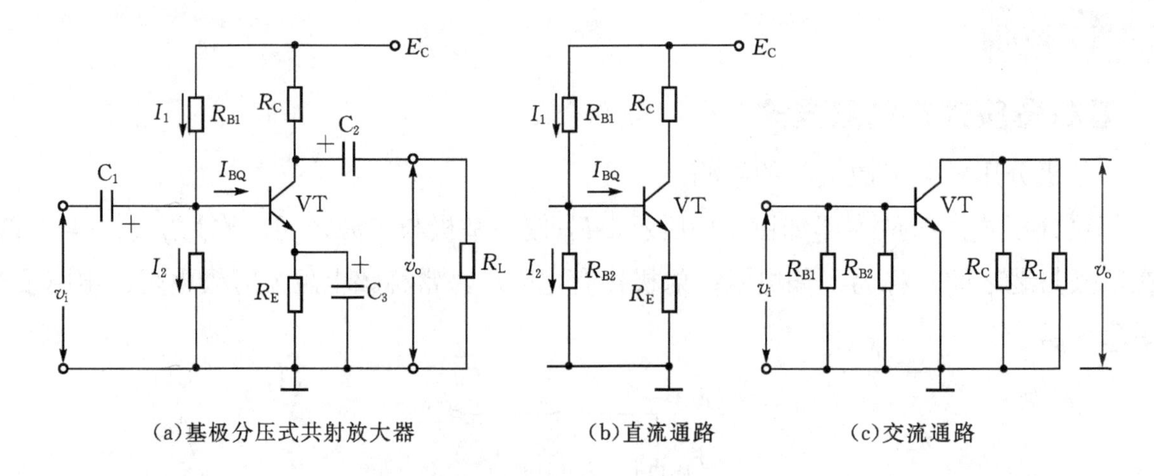

图2-17　静态工作点的计算

$$V_{BQ}=\frac{E_C}{R_{B1}+R_{B2}}R_{B2}=\frac{R_{B2}}{R_{B1}+R_{B2}}E_C$$

$$I_{CQ}\approx I_{EQ}=\frac{V_{BQ}-V_{BEQ}}{R_E}=\frac{V_{BQ}-0.7}{R_E}$$

$$V_{CEQ}=E_C-I_{CQ}\cdot R_C-I_{EQ}\cdot R_E\approx E_C-I_{CQ}(R_C+R_E)$$

$$I_{BQ}=\frac{I_{CQ}}{\beta}$$

（2）电压放大倍数的计算

先画交流通路如图2-17（c）所示，电压放大倍数的计算公式与基本共射放大器一样，即：

$$A_V=\beta\frac{R'_L}{r_{be}}\text{（不考虑相位关系）}$$

（3）输入电阻r_i和输出电阻r_o

由交流等效电路可知：

$$r_i=R_{B1}//R_{B2}//r_{be}\text{；}\ r_o\approx R_C$$

3.基极分压式共射放大器分析举例

例2-5　在图2-18（a）所示的分压式共射放大器中，若三极管的β值为50，求：（1）电路的静态工作点；（2）电压放大倍数；（3）输入电阻和输出电阻。

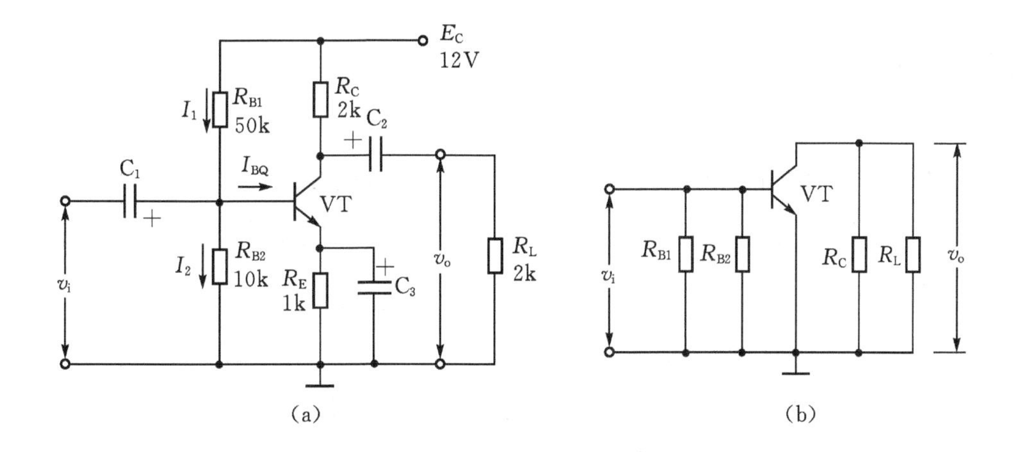

图2-18　例2-5图

解：（1）计算电路的静态工作点V_{BQ}、I_{BQ}、I_{CQ}、V_{CEQ}。

$$V_{BQ}=\frac{E_C}{R_{B1}+R_{B2}}\cdot R_{B2}=\frac{12}{50+10}\times10=2\text{ V}$$

$$I_{CQ}\approx I_{EQ}=\frac{V_{BQ}-V_{BEQ}}{R_E}=\frac{2-0.7}{1}=1.3\text{ mA}$$

$$V_{CEQ}=E_C-I_{CQ}(R_C+R_E)=12-1.3(2+1)=8.1\text{ V}$$

$$I_{BQ}=\frac{I_{CQ}}{\beta}=\frac{50}{1.3}=0.026\text{ mA}=26\,\mu\text{A}$$

（2）计算电压放大倍数A_V。

$$r_{be}=300+(\beta+1)\frac{26}{1.3}=300+(50+1)\frac{26}{1.3}\approx 1300\ \Omega=1.3\text{ k}\Omega$$

$$R'_L=R_C\,//\,R_L=\frac{R_C\cdot R_L}{R_C+R_L}=\frac{2\times 2}{2+2}=1\text{ K}$$

$$A_v=\beta\frac{R'_L}{r_{be}}=50\times\frac{1}{1.3}=38.5$$

（3）计算输入电阻r_i和输出电阻r_o

先画出交流通路如图（b）所示，根据交流通路可知：

$r_i=R_{B1}\,//\,R_{B2}\,//\,r_{be}=50\,//\,10\,//\,1.3=1.1\text{ k}\Omega$

$r_o\approx R_C=2\text{ k}\Omega$

二、共集放大器

1. 电路结构

共集放大器原理电路如图2-19（a）所示，交流通路如图2-19（b）所示。因集电极交流接地，故有“共集”之称。该电路信号从基极输入，从发射极输出，故又称射极输出器或射极跟随器。

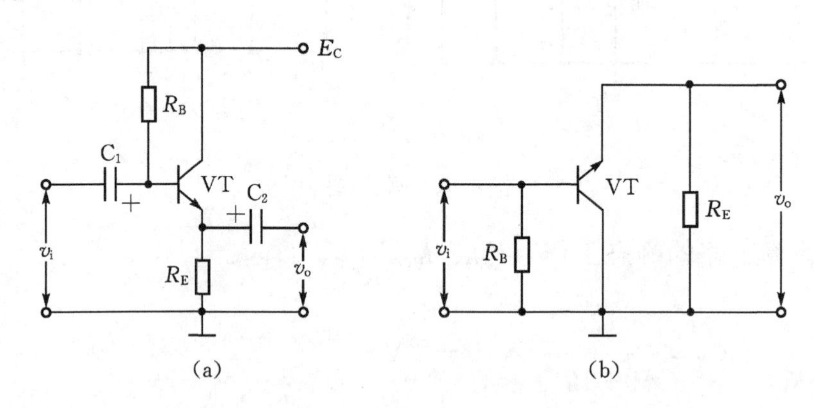

图2-19　共集电极放大器

2. 电路分析

（1）电压放大倍数和电流放大倍数

由于发射结的动态电阻很小，所以可以认为$v_o \approx v_i$，即共集放大器无电压放大能力，它的电压放大倍数约为1。

当基极电压上升时，发射极电压也上升；当基极电压下降时，发射极电压也下降，即输出电压与输入电压的相位是相同的。

发射极电流是基极电流的（β+1）倍，故共集放大器的电流放大倍数为β+1。

（2）静态工作点的计算

通过列方程来求I_{BQ}。

$$E_C = I_{BQ} \cdot R_B + V_{BEQ} + (\beta+1) I_{BQ} \cdot R_B$$

解此方程可得：

$$I_{BQ} = \frac{E_C - V_{BQ}}{R_B + (\beta+1) R_E} \approx \frac{E_C}{R_B + (\beta+1) R_E}$$

有了I_{BQ}，很容易求出I_{CQ}、I_{EQ}及V_{CEQ}：

$$I_{CQ} = \beta I_{BQ}$$

$$I_{EQ} = (\beta+1) I_{BQ}$$

$$V_{CEQ} = E_C - I_{EQ} \cdot R_E$$

（3）输入电阻和输出电阻

在不考虑R_B时，输入电阻r_i'为：

$$r'_i = \frac{v_i}{v_b} = \frac{i_b \cdot r_{be} + (\beta+1) R_E}{i_b} = r_{be} + (\beta+1) R_E$$

式中，（β+1）R_E是R_E折合到输入回路中的电阻。因放大器的输入电阻为r_i'与R_B的并联，故输入电阻为：

$$r_i = R_B // [r_{be} + (\beta+1) R_E]$$

由上式可知，共集放大器的输入电阻比共射放大器大。

共集放大器的输出电阻很小。

共集放大器具有如下特点:

① 有电流放大能力，无电压放大能力。

② 输出电压和输入电压相位相同。

③ 输入电阻大而输出电阻小，输入电阻大。

三、共基放大器

1. 电路结构

共基放大器的信号从发射极输入，从集电极输出。它的基极交流接地，作为输入回路和输出回路的公共端。基本结构如图2-20（a）所示，直流通路和交流通路分别如图2-20（b）、（c）所示。

从直流通路来看，它的直流偏置与基极分压式共射放大器完全一样，它的静态工作点的求法也与基极分压式共射放大器一样。

从交流通路来看，因基极接有大电容C_2（R_{B2}的旁路电容），故基极相当于交流接地。信号虽然从发射极输入，但事实上仍作用于三极管的B、E之间，此时输入信号电流为i_e。

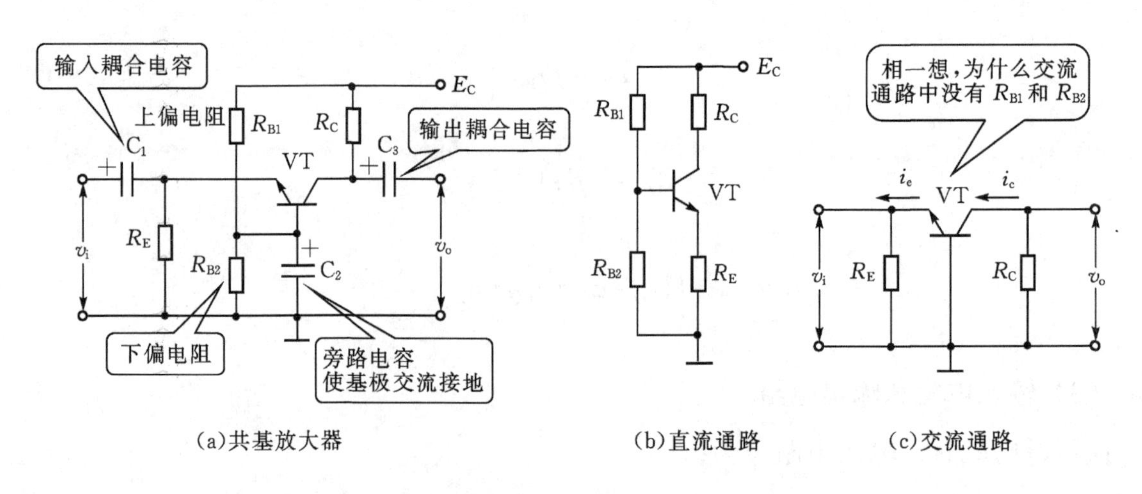

图2-20 共基放大器

2. 共基放大器的特点

电流放大倍数$a=\frac{i_c}{i_e}\approx 1$，即共基放大器没有电流放大能力。

共基放大器的电压放大倍数与共射放大器的电压放大倍数非常接近，即共基放大器有较高的电压放大倍数，具备电压放大能力。且输出信号与输入信号相位相同。

共基放大器具有如下一些特点:

① 有较高的电压放大能力，无电流放大能力。

② 输出信号与输入信号相位相同

③ 输入电阻小，输出电阻大，截止频率高（通频带宽）。

四、负反馈放大器

1. 反馈的基本概念及分类

（1）反馈的基本概念

所谓反馈就是从基本放大器的输出信号中取出一部分或全部，通过一定方式再回送到放大器输入端的过程。反馈电路见图2-21。

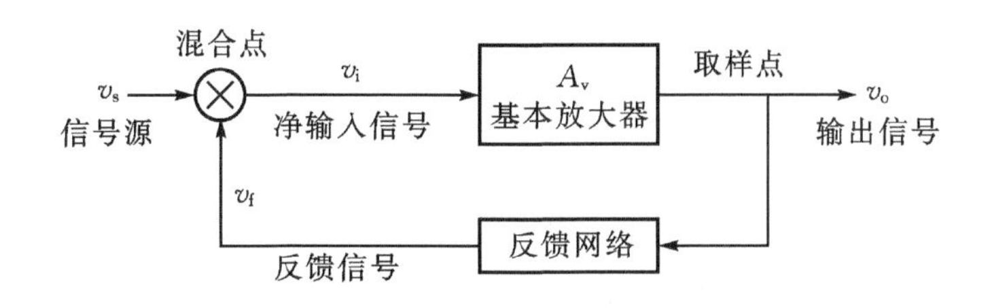

图2-21　反馈电路

反馈电路包括两个部分，一个是基本放大器，另一个是反馈网络。

反馈放大器具有三个特点：见本书。

（2）反馈的分类

不同的分类方法可以分出不同的类型，具体见本书。

① 正反馈和负反馈

如果反馈信号与来自信号源的信号极性相同，则为正反馈。反之，为负反馈。

② 电压反馈和电流反馈

如果反馈信号取自输出电压，则为电压反馈。此时，连接方式如图2-22（a）所示。

如果反馈信号取自输出电流，则为电流反馈。此时，连接方式如图2-22（b）所示。

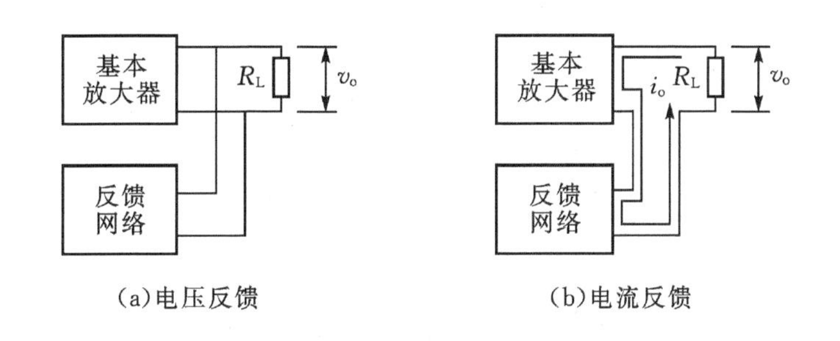

图2-22　电压反馈与电流反馈

③ 串联反馈和并联反馈

如果反馈信号与输入信号源之间属串联关系，则为串联反馈；属并联关系，则为并联反馈。连接方式分别如图2-23（a）、（b）所示。

④ 负反馈的四种基本类型

若从放大器的输出端和输入端综合来看，负反馈共有四种基本类型：电流串联负反馈、电流并联负反馈、电压串联负反馈、电压并联负反馈。

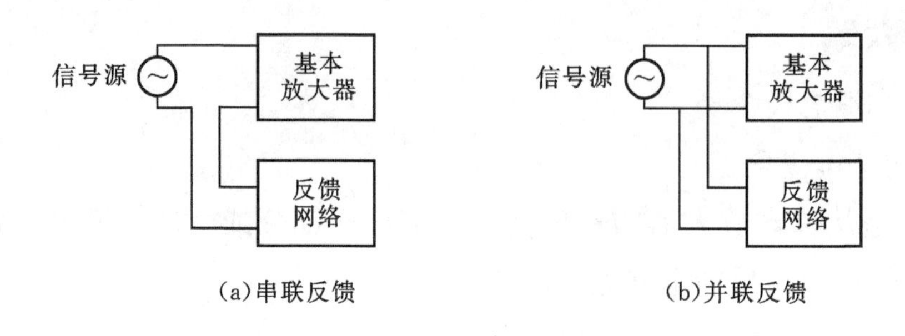

(a)串联反馈　　(b)并联反馈

图2-23　串联反馈与并联反馈

（3）反馈的判断

如果电路中有联系输出回路和输入回路的元件存在，说明有反馈存在，这些联系输出回路和输入回路的元件便是反馈网络。

若反馈信号削弱输入信号，则为负反馈；若反馈信号增强输入信号，则为正反馈。采用瞬间极性法可以方便地判断出是正反馈还是负反馈。

将输出端短路，若反馈信号消失，则为电压反馈；若反馈信号依然存在，则为电流反馈。

将输入端短路，若反馈信号消失，则为并联反馈，若反馈信号依然存在，则为串联反馈。

2. 负反馈放大器的分析

（1）电流串联负反馈放大器

如图2-24是一典型的电流串联负反馈放大器，R_8是反馈元件。R_5没有交流反馈作用，它只有直流反馈作用，用以稳定工作点。

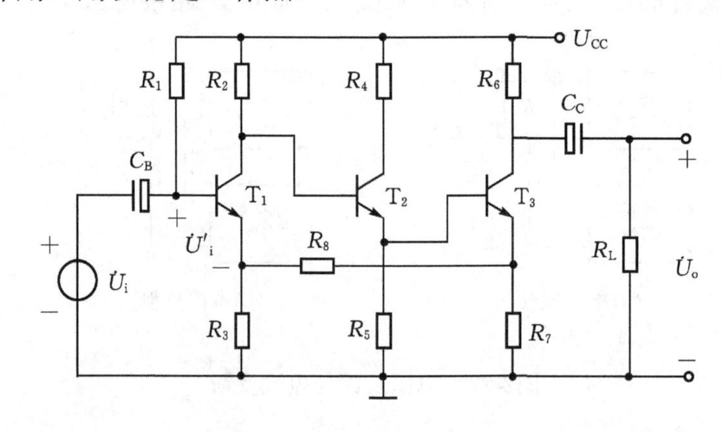

图2-24　电流串联负反馈放大器

利用瞬间极性法可以判断出它是负反馈。

将输出端对地短路，R_8两端的信号电压依然存在，故为电流负反馈。将输入端对地短路，R_8两端的信号电压并未被短路，依然存在，故属串联反馈。

综上所述，得出该电路为电流串联负反馈放大器。

电流负反馈能稳定输出信号的电流幅度。当某种原因引起输出信号的电流幅度增大时，则电路的自动调整过程如下：

$$i_o\uparrow\rightarrow v_f\uparrow\rightarrow v_{be}\downarrow\rightarrow i_b\downarrow\rightarrow i_o\downarrow$$

（2）电压并联负反馈放大器

如图2-25是一个典型的电压并联负反馈放大器，R_f是反馈元件。

利用瞬间极性法可以判断出它是负反馈。

若将输出端对地短路，反馈信号也就自然消失，所以是电压反馈。若将输入端对地短路，反馈信号也消失，所以属并联反馈。

所以，该电路是电压并联负反馈放大器。

电压负反馈能稳定输出信号的电压幅度。当某种原因引起输出信号的电压幅度下降时，则电路的自动调节过程如下：

$$U_o\downarrow\rightarrow I_f\downarrow\rightarrow \mathrm{I}_{ib}\uparrow\rightarrow I_o\uparrow\rightarrow Uo\uparrow$$

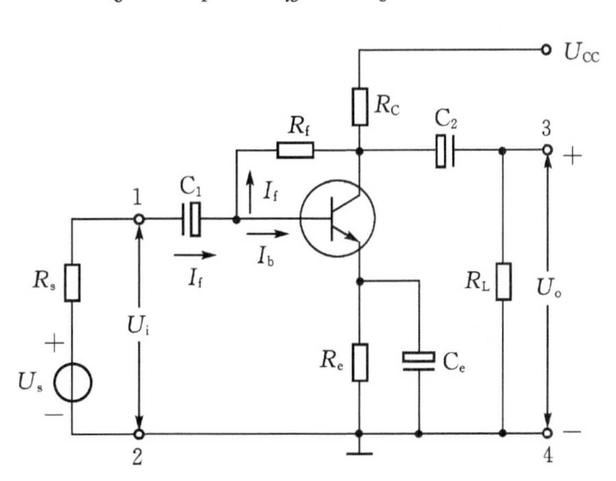

图2-25　电压并联负反馈放大器

（3）电压串联负反馈放大器

图2-26是电压串联负反馈放大器，R_f为反馈元件。

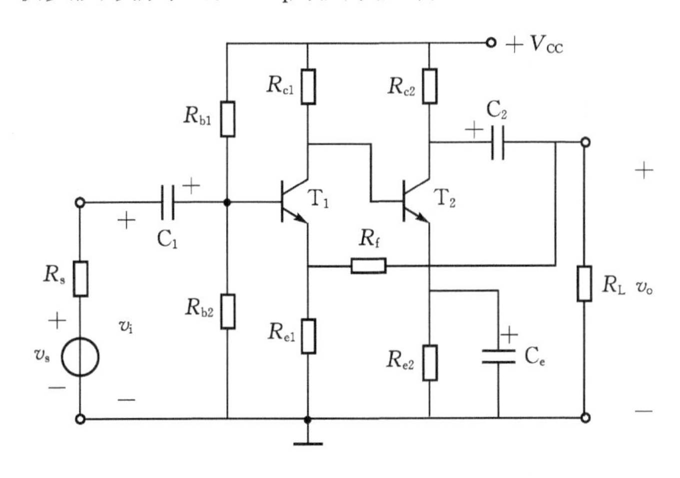

图2-26　电压串联负反馈放大器

利用瞬间极性法可以判断出它是负反馈。

若将输出端对地短路，反馈电压自然消失，所以是电压反馈。若将输入端对地短路，反馈电压依然存在，所以是串联反馈。

所以射极输出器是电压串联负反馈放大器，能稳定输出信号的电压幅度，调整过程如下：

$$v_o\downarrow\rightarrow v_{be}\uparrow\rightarrow i_b\uparrow\rightarrow i_e\uparrow\rightarrow v_o\uparrow$$

（4）电流并联负反馈放大器

如图2-27所示的电路，是由两级直耦放大器构成的。在这两级放大器之间就存在电流并联负反馈。

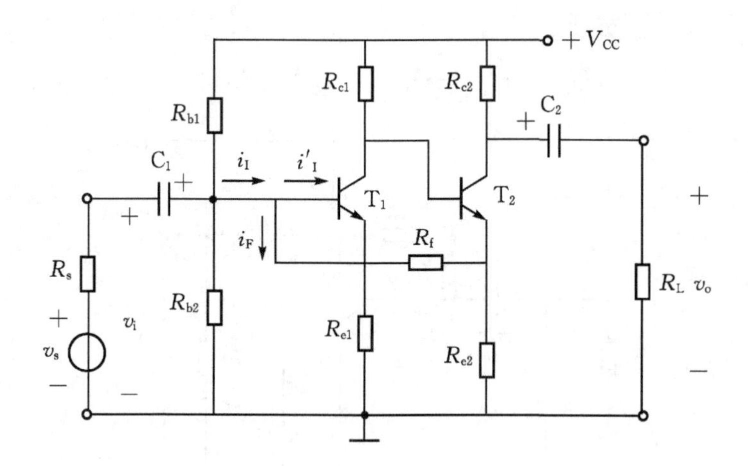

图2-27　电流并联负反馈放大器

图2-27中，R_f是负反馈电阻。由于这种反馈发生在两级放大器之间，故称级间反馈。

用瞬间极性法可以判断R_f所产生的反馈是负反馈。

若将放大器的输出端短路，反馈电压并未消失，所以R_f所引起的反馈是电流反馈。若将输入端短路，则反馈信号也被短路，所以是并联反馈。

3. 负反馈对放大器性能的影响

（1）负反馈对放大倍数的影响

在未引入负反馈的情况下，基本放大器的放大倍数叫开环放大倍数，用A_V表示，参考图2-28（a）。引入负反馈后，整个负反馈放大器的放大倍数叫闭环放大倍数，用A_{Vf}表示，参考图2-28（b）。

$$A_{vf}=\frac{A_v\cdot v_i}{v_s}=A_v\cdot\frac{v_s-v_f}{v_s}=A_v(1-\frac{v_f}{v_s})$$

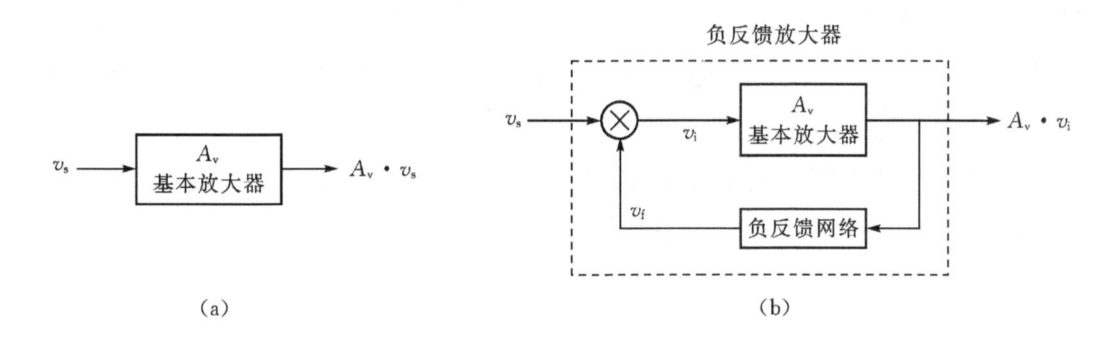

图2-28 负反馈对放大倍数的影响

显然，$(1-\frac{v_f}{v_s})<1$，故AVf<AV 。

由此可知，引入负反馈后，电路的放大倍数下降了，且负反馈越强（v_f越大），放大倍数就越低。

（2）负反馈对输入电阻和输出电阻的影响

串联负反馈会提高输入电阻，并联负反馈会减小输入电阻；电流负反馈会提高输出电阻，电压负反馈会减小输出电阻。

（3）对输出电流或电压稳定性的影响

电流负反馈能稳定输出信号的电流幅度，电压负反馈能稳定输出信号的电压幅度。

（4）能减小非线性失真

负反馈可以改善放大器的非线性失真。如图2-29所示。

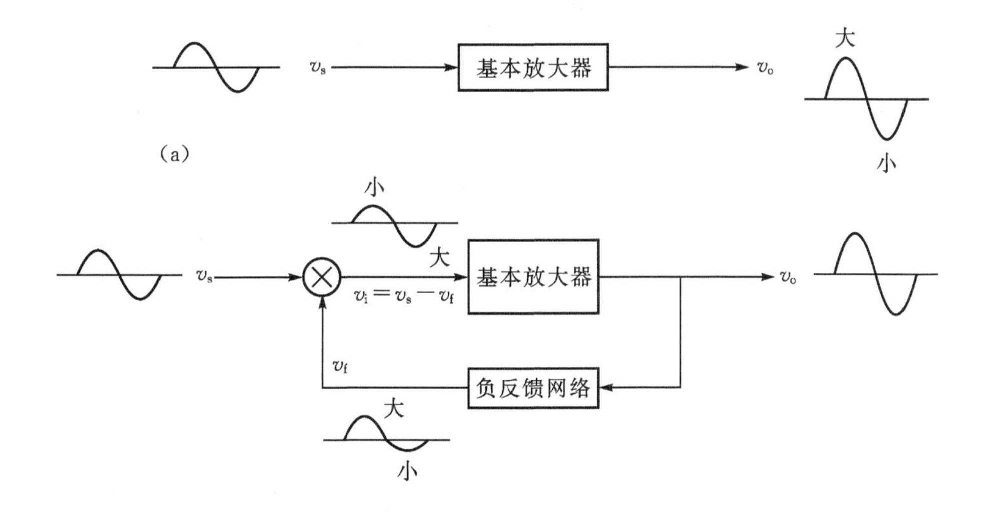

图2-29 减小非线性失真

（5）能展宽通频带

负反馈可以展宽放大器的通频带。设无负反馈时放大器的频率特性如图2-30中的曲线Ⅰ所示，其通频带为B_W。

加入负反馈后，频率特性如图2-30中曲线Ⅱ所示。由于中频区的频率特性曲线比原曲线低得多一些，而高频区与低频区则比原曲线低得少一些，结果把通频带由原来的B_W展宽为B_{Wf}。

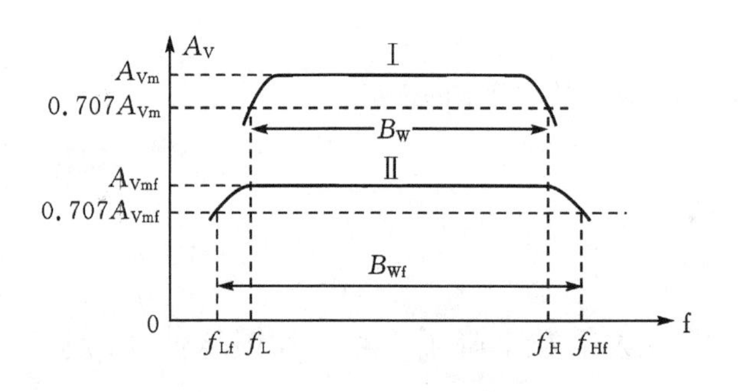

图2-30　放大器的频率特性

4. 负反馈放大器分析举例

例2-6　如图2-31所示的电路中有无负反馈存在，若有负反馈存在，请判断反馈类型。

解：对于图2-31（a）来说，R_2和C_2接在输入回路和输出回路之间，是反馈网络，故电路有反馈存在。反馈网络只允许集电极的交流电压反馈至基极，因而是交流反馈。

设VT基极的瞬间极性为正，则集电极的瞬间极性为负，反馈信号与原信号极性相反，所以是负反馈。将输出端对地短路，输出信号变为零，反馈信号也消失，所以是电压反馈；将输入端对地短路，反馈信号也被短路（反馈信号变为零），故为并联反馈。由此可知，该电路属电压并联负反馈放大器。

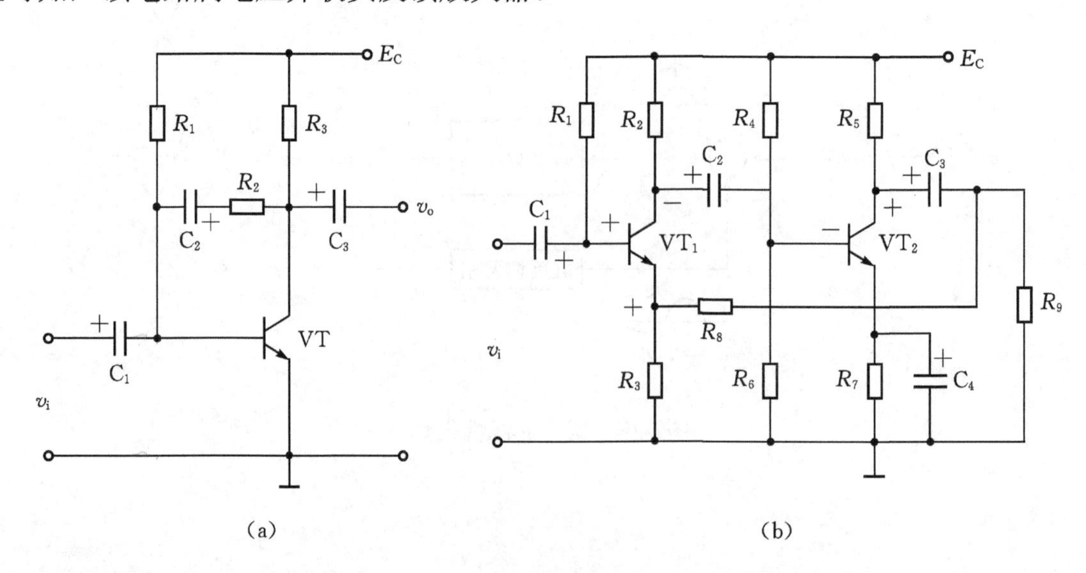

图2-31　例2-6图

对于图（b）来说，R_8接在第一级放大器的输入回路和第二级放大器的输出回路之间，是级间反馈元件，故电路中有反馈存在。由于C_3的隔直作用，使得R_8只将输出端的交流电压反馈到输入回路，所以是交流反馈。

设VT_1基极的瞬间极性为正，则其集电极的瞬间极性为负，VT_2基极的瞬间极性也为负，VT_2集电极的瞬间极性为正。经R_8反馈后，使VT_1发射极的瞬间极性为正，相当于基极瞬间极性为负，即反馈信号与原信号极性相反，是负反馈。

若将VT_2的输出端短路，则反馈信号也就消失，故为电压负反馈；若将VT_1的输入端短路，反馈信号依然存在，故为串联负反馈。由此可知，该电路属电压串联负反馈放大器。

另外，R_3是第一级的负反馈电阻，起电流串联负反馈作用。R_7是第二级VT_2的发射极电阻，因其两端并有旁路电容，故R_7仅起直流反馈作用，用来稳定工作点。

课后习题

1. 放大电路的基本概念是什么？

2. 用三极管组成的放大电路有哪三种组态？

3. 影响放大电路静态工作点稳定的因素有哪些？

4. 如图所示的共射极基本放大电路中，V_{cc}=12V，R_c=3kΩ，R_{b1}=30kΩ，R_{b2}=10kΩ，R_C=2 kΩ，R_E=1k，放大系数为80，V_{BEQ}=0.7，

（1）求静态工作点。

（2）画出下图中的直流通路和交流通路。

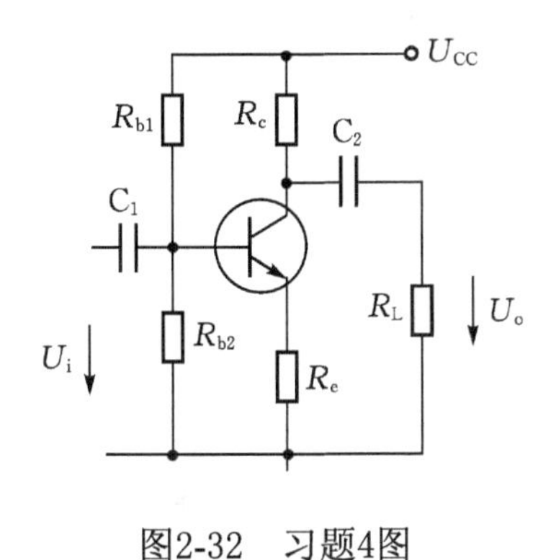

图2-32　习题4图

5. 射极输出器的特点有哪些？

工作任务描述：

寝室楼道的灯在夜间或光线较暗时，当有人经过该开关附近时，脚步声、说话声、掌声等都不能打开。经维修人员检查发现，其电路部分已损坏，需重新制作安装。现将这个任务交给维修队，需在24小时之内解决问题。

工作流程与活动

1. 明确任务
2. 工作准备
3. 现场施工
4. 总结评价

学习目标

知识与技能：

1. 掌握三极管的结构，符号，特性。
2. 会检测三极管的好坏，能用三极管设计放大电路。
3. 掌握基本放大电路的工作原理、主要特性和基本分析方法，能计算基本放大电路的静态工作点。
4. 掌握语音输入放大电路的原理，并能进行组装、调试和故障检修。

学习活动1　明确工作任务

学习过程

一、根据任务单了解所要解决的问题，说出本次任务的工作内容、时间要求等信息。

任务单

编号： 202

电路名称		制作单位		核心元件	
工作内容					
开工时间			竣工时间		
达到效果					

2. 根据任务单，查阅任务单中设备的基本情况并填写。

3. 查阅并画出该型号声控开关电路原理图。

4. 学习并掌握声控开关电路工作原理。

学习活动2 工作准备

学习过程

1. 准备工具和器材

（1）工具

本次作任务所需要的工具见表2-3。

表2-3 工具

编号	名称	规格	数量
1	单相交流电源	15 V（或6～15 V）	1个
2	万用表	可选择	1只
3	电烙铁	15～30 W	1把
4	烙铁架	可选择	1只
5	电子实训通用工具	尖嘴钳、斜口钳、镊子、螺丝刀（一字和十字）	1套

（2）器材

本次任务所需要器材见表2-4。

表2-4 器材

编号	名称	规格	数量	单价
1	万能板	8×8 mm	1块	
2	三极管	9014	2只	
3	发光二极管	红色	1只	
4	驻极体话筒	ø6 mm	1只	
5	电阻	470k、47k、10k、2.2k、1k	各1只	
6	电阻	4.7k	2只	
7	电解电容	1 μF	1只	
8	瓷片电容	103、104	各1只	
6	焊接材料	焊锡丝、松香助焊剂、连接导线等	1套	
	成本核算	人工费	总计	

1. 根据以上所列器材，分别查出各元件的价格，并核算出总价。

2. 半导体三极管的识别、检测和选用参考任务一。

3. 环境要求与安全要求。

（1）环境要求

① 操作平台不允许放置其他器件、工具与杂物，要保持整洁。

② 在操作过程中，工具与器件不得乱摆乱放，注意规范整齐，在万能板上安装元器件时，要注意前后，上下位置。

③ 操作结束后，要将工位整理好，收拾好器材与工具，清理台面和地上杂物，关闭电源。

④ 将器材与工具分类放入工具箱，并摆放好凳子，方能离开。

（2）安装过程的安全要求

安装过程必须要有“安全第一”的意识，具体要求如下：

① 进入实训室，劳保用品必须穿戴整齐。不穿绝缘鞋一律不准进入实训场地。

② 电烙铁插头最好使用三极插头，要使外壳妥善接地。

③ 电烙铁使用前应仔细检查电源线是否有破损现象，电源插头是否损坏，并检查烙铁头有无松动。

④ 焊接过程中，电烙铁不能随处乱放。不焊时，应放在烙铁架上。注意烙铁头不可

碰到电源线，以免烫坏绝缘层发生短路事故。

⑤ 使用结束后，应及时切断电源，拔下电源插头。待烙铁冷却后放入工具箱。

⑥ 实训过程应执行7S管理标准备，安全有序进行实训。

学习活动3　现场施工

学习过程

1. 语音放大电路图（见图2-33）

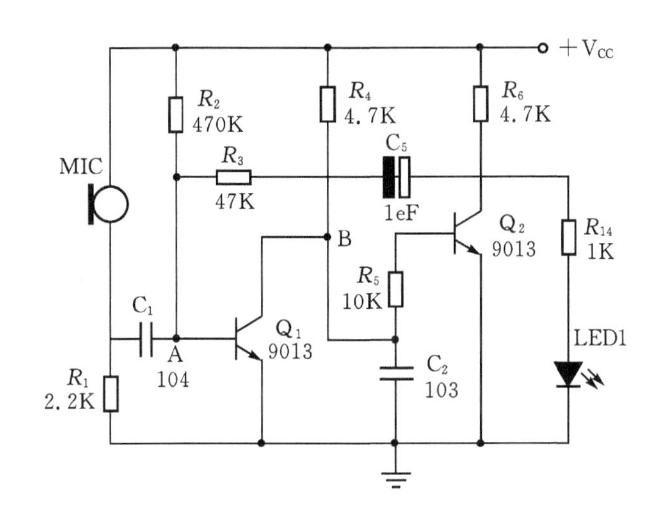

图2-33　语音放大电路图

2. 根据图纸进行电路的安装

根据上图，在万能板上进行安装与测试，具体步骤如图2-34所示。

① 二极管安装时，成90°，悬空卧式垂直安装板面便于散热，间距在1～2mm。

② 连接线可用多余引脚或细铜丝，使用前先进行上锡处理，增强粘合性。

图2-34　电路的安装与测试

③ 连接线应遵循横平竖直连线原则，同一焊点连接线不应超过2根。

④ 电路各焊接点要可靠，光滑，牢固。

3. 接入3～9V直流电源，体验声控开关的原理。用发光二极管指示开关的“开/关”。

4. 以小组为单位，选出组长，任课教师对组长进行重点指导。组长负责检查指导本组学员完成电路安装调试任务。

<table>
<tr><td>任务电路</td><td></td><td>第___组组长</td><td></td><td>完成时间</td><td></td></tr>
<tr><td>基本电路安装</td><td colspan="5">1. 根据所学电路原理图，绘制电路接线图。

2. 根据接线图，安装并焊接电路，写出电路工作原理。</td></tr>
<tr><td>电路调试</td><td colspan="5">3. 用万用表调试电路：
<table>
<tr><td>输入电压</td><td>V</td><td>输出电压</td><td>V</td></tr>
<tr><td>U_A电压</td><td>V</td><td>U_B电压</td><td>V</td></tr>
<tr><td>U_C电压</td><td>V</td><td></td><td></td></tr>
</table>
4. 用示波器观察A、B、C波形
（1）SEC/DIV：___
（2）VOLTS/DIV：___
（3）U_2：___
（4）U_z：___

5. 根据已有电路功能进行拓展。在二级放大电路后再设计一路放大电路，将指示灯电路放到最后一级，看看会出什么样的效果。</td></tr>
</table>

学习活动4　总结评价

学习过程

一、自我总结评价

任务电路		第___组组长		完成时间	
自我总结	1. 任务单完成情况 2. 工作准备情况 3. 任务实施情况 4. 个人收获情况				
小组评价	（以小组为单位，组长检查本组成员完成情况，可任意指定本组成员将相关情况进行总结汇报）				

二、小组互评

根据每个小组的完成情况给出各小组本任务的综合成绩，并根据人员汇报情况（表达方式，表达能力，创新能力，综合素质等）相应加分。

三、教师评价

教师根据各小组任务完成情况给出各小组本任务综合成绩。

学习任务评价表

序号	主要内容		考核要求	评分标准	配分	自我评价	小组互评	教师评价
1	职业素质	劳动纪律	按时上下课，遵守实训现场规章制度	上课迟到、早退、不服从指导老师管理，或不遵守实训现场规章制度扣1～7分	7			
		工作态度	认真完成学习任务，主动钻研专业技能	上课学习不认真，不能按指导老师要求完成学习任务扣1～7分	7			
		职业规范	遵守电工操作规程及规范	不遵守电工操作规程及规范扣1～6分	6			
2	明确任务		填写工作任务相关内容	工作任务内容填写有错扣1～5分	5			
3	工作准备		1.按考核图提供的电路元器件，查出单价并计算元器件的总价，填写在元器件明细表中 2.检测元器件	1. 正确识别和使用万用表检测各种电子元器件。 2. 元件检测或选择错误扣1～5分	10			
4	任务实施	安装工艺	1. 按焊接操作工艺要求进行，会正确使用工具 2. 焊点应美观、光滑牢固、锡量适中匀称、万能板的板面应干净整洁，引脚高度基本一致	1. 万用表使用不正确扣2分 2. 焊点不符合要求每处扣0.5分 3. 桌面凌乱扣2分 4. 元件引脚不一致每个扣0.5分	10			
		安装正确及测试	1. 各元器件的排列应牢固、规范、端正、整齐、布局合理、无安全隐患 2. 测试电压应符合原理要求。 3. 电路功能完整	1. 元件布局不合理安装不牢固，每处扣2分 2. 布线不合理，不规范，接线松动，虚焊，脱焊接触不良等每处扣1分 3. 测量数据错误扣5分 4. 电路功能不完整少一处扣10分	40			

		故障分析及排除	分析故障原因，思路正确，能正确查找故障并排除	1. 实际排除故障中思路不清楚，每个故障点扣3分 2. 每少查出一个故障点扣5分 3. 每少排除一个故障点扣3分 4. 排除故障方法不正确，每处扣5分	10			
5	创新能力		工作思路、方法有创新	工作思路、方法没有创新扣10分	10			
备注				合计	100			
				指导教师签字	年　月　日			

音调调整电路的安装与测试

知识准备

将整个电路的各个元件做在同一个半导体基片上而形成的电路叫集成电路。集成运算放大器是一种具有高放大倍数的直耦放大器，属于集成电路中的一种，常用于信号放大、信号运算、信号处理等方面。

一、集成运算放大器的组成和外形符号认识

1. 集成运算放大器的组成

集成运算放大器由输入级、中间级、输出级及偏置电路四部分组成，如图3-1所示。

对输入级的要求是：尽量减小零点漂移，提高共模抑制比。输入级采用差动放大电路。

对中间级的要求是：要有足够大的电压放大倍数。

对输出级的要求是：提高带负载能力。对偏置电路的要求是：能给其他各级提供适当的偏置电流。

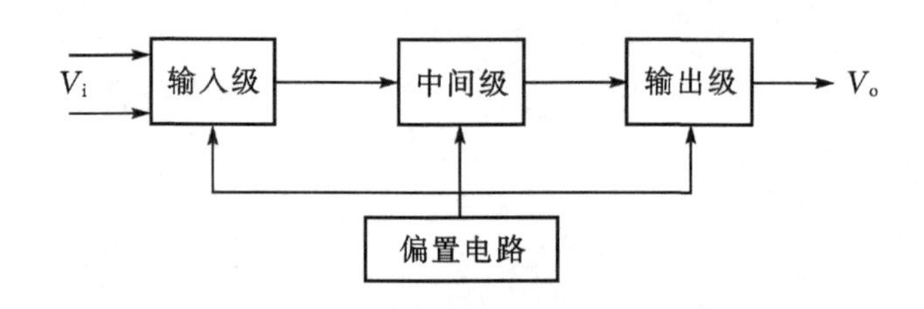

图3-1　集成运算放大器的组成

2. 集成运算放大器的外形和图形符号（见图3-2）

(a)　(b)　(c)　(d)

图3-2　集成运放的外形

集成运放的图形符号

集成运算放大器的电路符号如图3-3所示，图3-3（a）为惯用符号，许多书本和电路图中都使用这种符号。图3-3（b）为国标标准符号，这一符号还未被广泛采用。

集成运算放大器有两个输入端：一个叫同相端，标有“+”号或P；另一个叫反相端，标有“－”号或N。

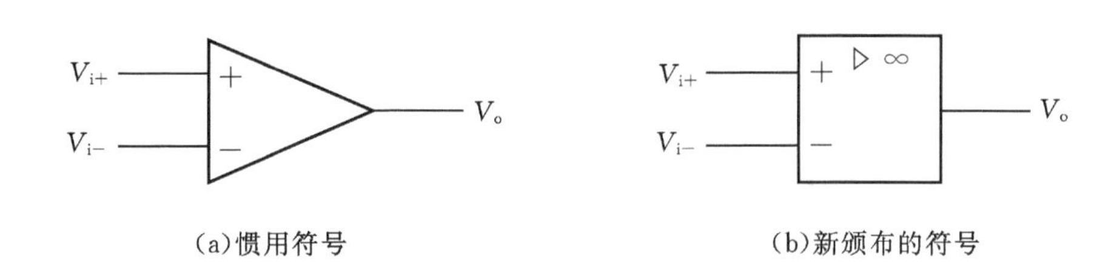

图3-3　集成运放的图形符号

集成运放理想特性：

（1）开环差模电压放大倍数；

（2）开环差模输入电阻；

（3）开环输入电阻；

（4）共模抑制比；

（5）没有失调现象，即当输入信号为零时，输出信号也为零。

三、集成运放的线性和非线性特性：

1. 理想集成运放的线性特性

电路中必须引入负反馈才能保证集成运放工作在线性区。这时输出电压与输入电压满足线性放大关系，即

$$U_o = A_d\ (u_p - u_N)$$

式中，U_o为有限值，而理想运放$A_d \to \infty$，因而净输入电压$u_p - u_N = 0$，$u_p = u_N$这一特性称为“虚短”，如果有一输入端接地，则另一输入端也非常接近地电位，称为“虚地”。

又因为理想运放输入电阻$r_i \to \infty$，所以两个输入端口输入电流也均为零，即$i_p = i_N = 0$，这一特性称为“虚断”。

2. 理想运放的非线性区特性

当$u_p > u_N$时，$u_o = +U_{om}$

当$u_p < u_N$时，$u_o = -U_{om}$

四、集成运算放大器举例

LM358集成运算放大器，采用8脚封装，如图3-4（a）所示，LM358内含两个结构完全相同的运算放大器，如图3-4（b）所示。集成块的各引脚符号及引脚功能已在图中标

明，应用时，只须按引脚功能来连接外部电路即可。

集成运算放大器一般有两个供电端子（V_{CC}和-V_{EE}），存在两种不同的供电方式，一种是双电源供电方式，另一种是单电源供电方式。

$$u_o = +U_{om}$$

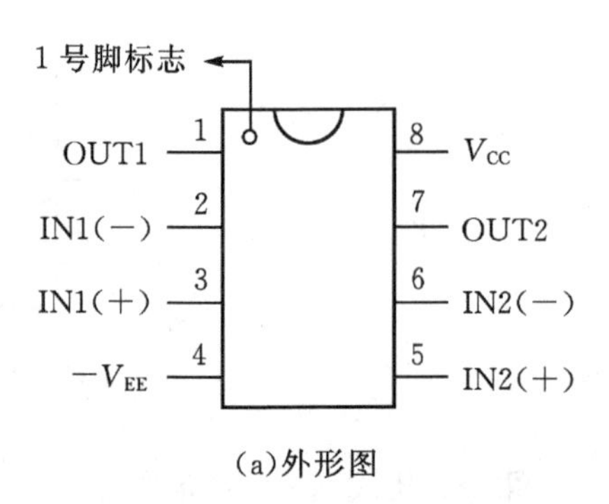

(a)外形图

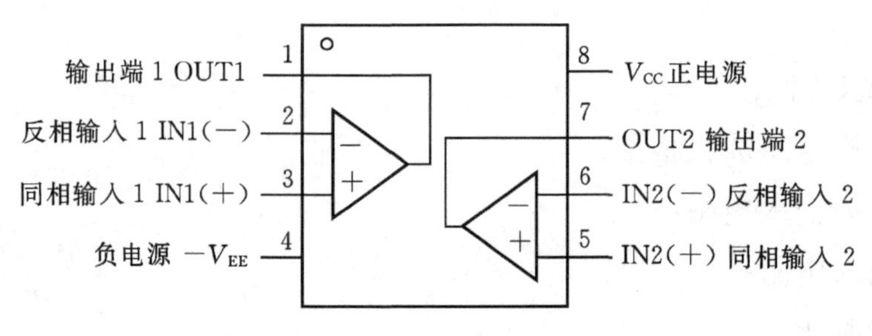

(b)内部结构及引脚功能

图3-4　LM358集成运算放大器

1. 集成运算放大器的典型应用

（1）用于电压放大。图3-5（a）是一个用集成运算放大器构成的反相电压放大器。

因I_-=0，故认为集成运算放大器的输入端不取电流，就如同断路一样，称为“虚断”。

由于输出电压V_o是一个数值有限的电压，而集成运算放大器的增益又很高，所以净输入电压V_A一定很小，并接近于“地”电位，因此常将A点称为“虚地”。

由于$I_i=I_F+I_-=I_F$，而$I_i=\frac{V_i}{R_1}$，$I_F=\frac{V_o}{R_F}$（A点是“虚地”，计算时，将A点看作是地），

故$\frac{V_i}{R_1}=\frac{V_o}{R_F}$。

从而得到电路的电压放大倍数为

$A_V=\frac{V_i}{V_o}=\frac{R_F}{R_1}$（“-”号表示输入信号与输出信号相位相反）

同理，也可用集成运算放大器构成同相电压放大器，如图3-5（b）所示，此时，电压

放大倍数 $A_V = 1 + \frac{R_F}{R_1}$。当$R_F = 0$时，$A_V=1$，此时，电路就成了电压跟随器，$V_o$总等于$V_i$。

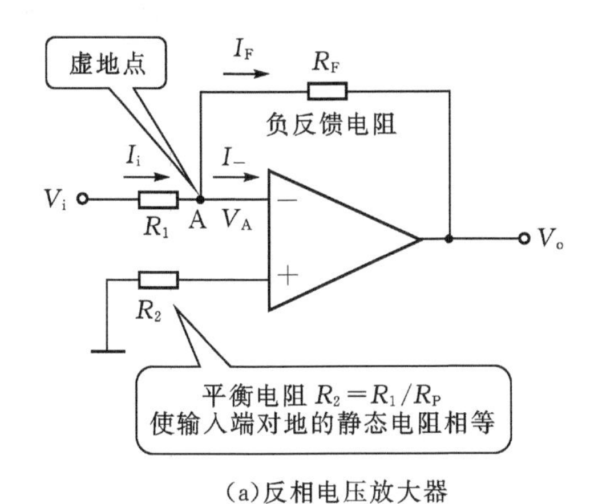

(a)反相电压放大器

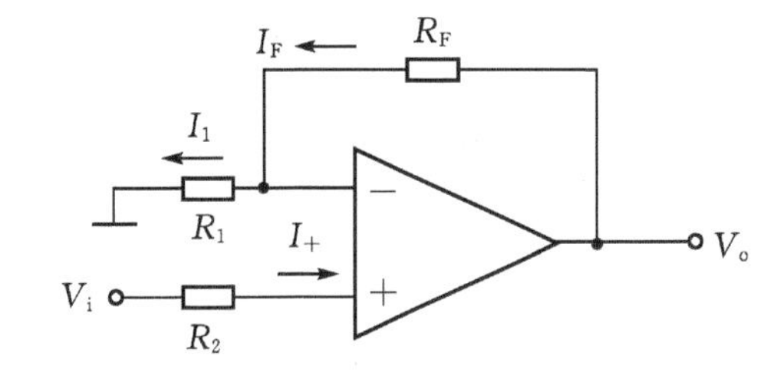

(b)同相电压放大器

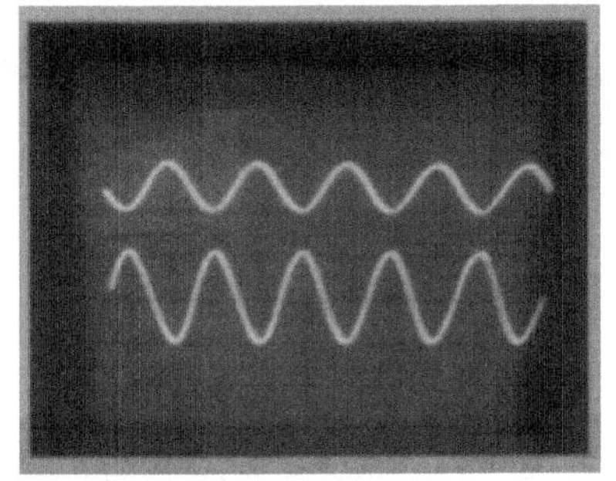

反相器波形图

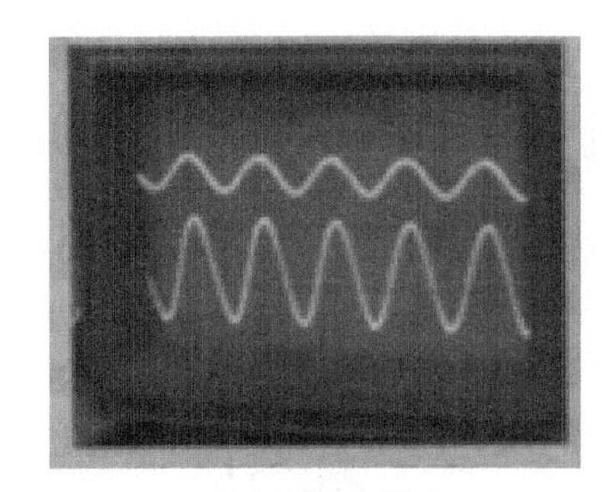

同相器波形图

图3-5　同相反相电压放大器

（2）用于求和运算。下图3-6所示的电路是由集成运算放大器构成的反相求和电路。

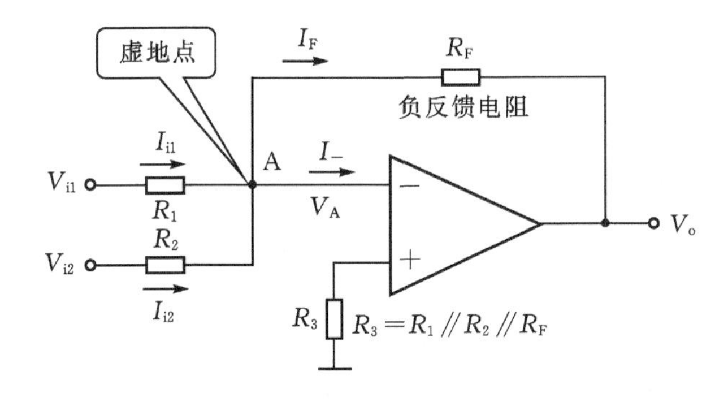

图3-6　反相求和运算电路

因$I_{i1} + I_{i2} = I_F$，即：

$$\frac{V_{i1}}{R_1} + \frac{V_{i2}}{R_2} = -\frac{V_o}{R_F}$$

$$V_o = -\left(\frac{R_F}{R_1}V_{i1} + \frac{R_F}{R_2}V_{i2}\right)$$

上式说明，求和电路输出的总电压等于各输入电压被放大后的和。

2. 电压比较器

电压比较器就是可以对一个模拟电压信号和一个参考电压进行比较的电路，并能把比较的结果反映在输出端。如图3-7所示。

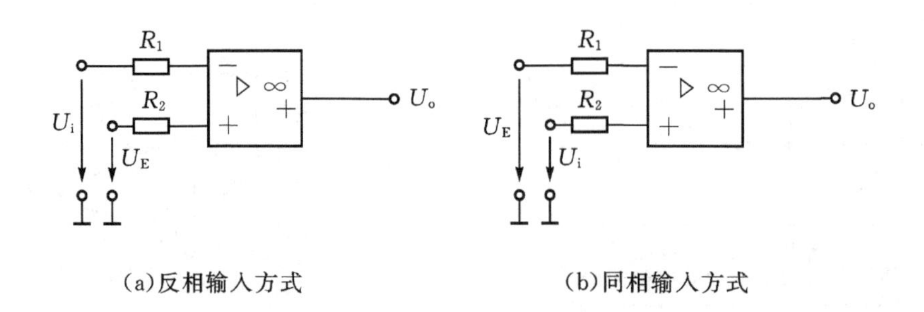

图3-7　电压比较器

电压比较器一般有两个输入端和一个输出端。输入信号通常是两个模拟量，一般情况下，一个输入信号是固定不变的参考电压U_E（比较基准电压），另一个输入信号则是变化的信号电压U_i。输出信号只有两种可能的状态：高电平和低电平。

① 反相输入方式。当$U_i>U_E$时，$U_0=U_-$，输出低电平；当$U_i<U_E$时，$U_0=U_+$，输出高电平。

② 同相输入方式。当$U_i>U_E$时，$U_0=U_+$，输出高电平。当$U_i<U_E$时，$U_0=U_-$，输出低电平。

3. 微积分运放电路

（1）积分运算电路，如图3-8所示。电容器上的电压为

$$u_c=\frac{1}{R}\int i_c\mathrm{d}t$$

利用积分电路可以实现延时、定时和变换，在自动控制系统中可以减缓过渡过程所形成的冲击，使外加电压缓慢上升。当输入信号是方波时，输出电压形式就是三角波。

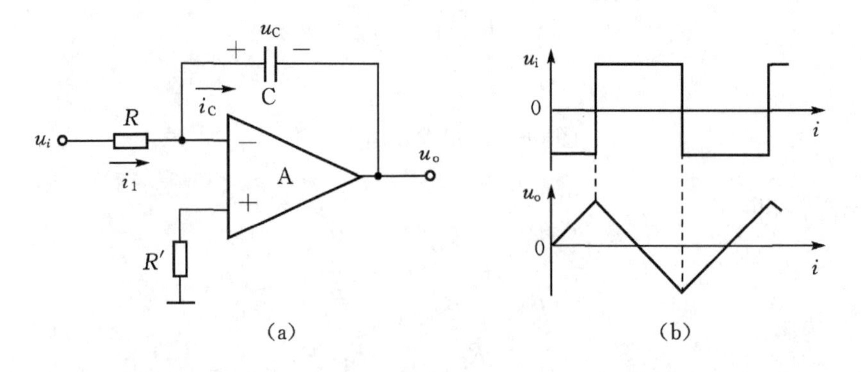

图3-8　积分运算电路

（2）微分运算电路，如图3-9所示。

$$u_o = i_R R = -RC\frac{du_i}{dt}$$

微分电路的输出电压与输入电压的变化率成正比，所以它对高频干扰信号非常敏感。在自动控制系统中，微分运算电路常用于产生控制脉冲。

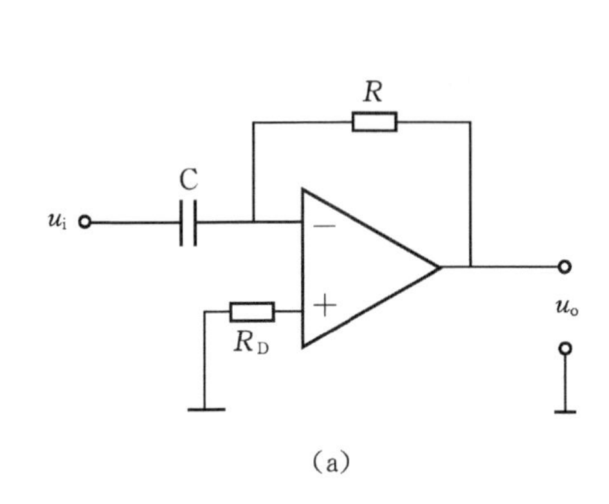

（a）

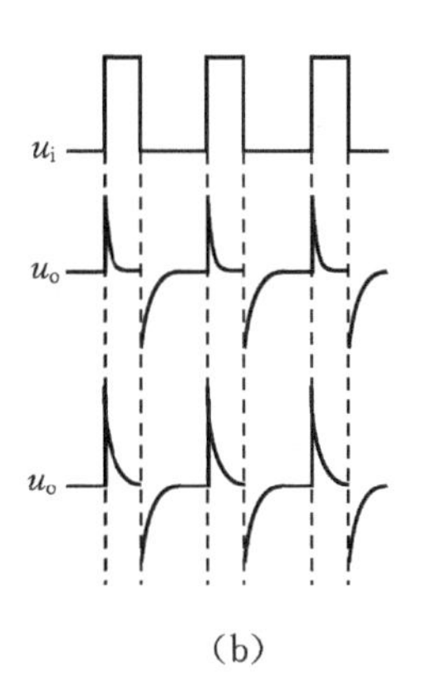

（b）

图3-9　微分运算电路

其中

$$u_o = -u_c = -\frac{1}{C}\int i_c dt = -\frac{1}{RC}\int u_i dt$$

五、课后练习

1. 集成运放的输入级一般都采用什么放大电路，它是作用是什么？
2. 集成运放的理想化特性主要有哪些特点？
3. 解释虚短、虚断和虚地的概念。
4. 说出集成运放的电压传输特性？
5. 举例说明集成运放的线性运用。

任务一 实训 音调调整电路的安装与测试

任务实施

工作情境描述：

学校学习兴趣小组要出一作品，要求能将一声音信号进行多级放大，能测试各级放大的效果并展示给大家。为了使声音信号符合人们的听觉及爱好，通常在前置放大电路后增加音调调整电路。音调调整电路是通过对不同频率的衰减与提升，来改变信号原有的频率特性。让大家明白音调调整电路的工作过程和注意事项。学生以3人为一组进行组装和测试。通过示波器显示出的波形，计算相应的放大效果。并掌握集成运放的基本用途。

工作流程与活动

1. 明确任务
2. 工作准备
3. 现场施工
4. 总结评价

学习活动1　明确任务

学习目标

知识与技能：

1. 了解集成运放的外形和电路符号。
2. 了解集成运放的特性。
3. 掌握集成运放的应用。

学习过程

一、根据任务单了解所要解决的问题，说出本次任务的工作内容、时间要求

等信息。

任务单

编号： 301

电路名称		制作单位		核心元件	
工作内容					
开工时间			竣工时间		
达到效果					

（1）根据任务单，查阅任务单中设备的基本情况并填写。

（2）查阅并画出该型号音调调整电路原理图。

（3）学习并掌握集成运放电路工作原理。

学习活动2　工作准备

学习过程

1.准备工具和器材

（1）工具。本次作任务所需要的工具见表3-1。

表3-1　工具

编号	名称	规格	数量
1	单相交流电源	15V（或6～15V）	1个
2	万用表	可选择	1只
3	函数信号发生器		1只
3	电烙铁	15～30W	1把
4	烙铁架	可选择	1只
5	电子实训通用工具	尖嘴钳、斜口钳、镊子、螺丝刀（一字和十字）	1套

（2）器材。本次任务所需要器材见表3-2。

表3-2　器材

编号	名称	规格	数量	单价
1	万能板	8×8mm	1块	
2	电容	0.01μF	2只	
3	电容	510pF	1只	
4	电容	20μF、4.7μF	各1只	
5	电阻	10kΩ	3只	
6	电阻	13kΩ	1只	
7	电阻	47kΩ	3只	
8	电位器	470kΩ	2只	
9	集成运放	RC4558	1块	
10	焊接材料	焊锡丝、松香助焊剂、连接导线等	1套	
11	成本核算	人工费	总计	

（3）根据以上所列器材，分别查出各元件的价格，并核算出总价。

2. 认识集成运放RC4558（见图3-10）

图3-10　集成运放RC4558

RC4558为8脚双列直插式塑料封装，其引脚排列如图3-11所示。

RC4558引脚功能如下：

1脚为通道1输出；2脚为通道1反相输入；3脚为通道1同相输入；4脚为电源负；5脚为通道2同相输入；6脚为通道2反相输出；7脚为通道2输出；8脚为电源正。

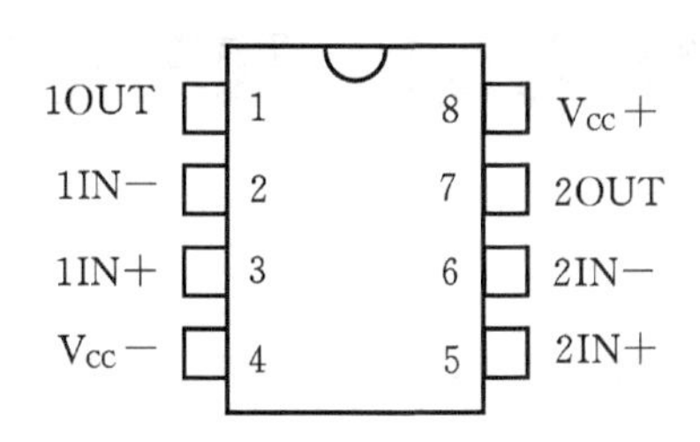

图3-11 RC4558引脚排列图

3. 环境要求与安全要求

（1）环境要求：

① 操作平台不允许放置其他器件、工具与杂物，要保持整洁。

② 在操作过程中，工具与器件不得乱摆乱放，注意规范整齐，在万能板上安装元器件时，要注意前后，上下位置。

③ 操作结束后，要将工位整理好，收拾好器材与工具，清理台面和地上杂物，关闭电源。

④ 将器材与工具分类放入工具箱，并摆放好凳子，方能离开。

（2）安装工艺要求：

① 元器件成型应按90度垂直弯折。

② 元器件排列与接线的走向正确、合理，连接时应遵循横平竖直，避免交叉。

③ 连接导线紧贴电路板，同一焊接点的连接导线不能超过2根。

④ 电路各焊接点要可靠，光滑，牢固。

（3）安装过程的安全要求：

安装过程必须要有“安全第一”的意识，具体要求如下：

① 进入实训室，劳保用品必须穿戴整齐。不穿绝缘鞋一律不准进入实训场地。

② 电烙铁插头最好使用三极插头，要使外壳妥善接地。

③ 电烙铁使用前应仔细检查电源线是否有破损现象，电源插头是否损坏，并检查烙铁头有无松动。

④ 焊接过程中，电烙铁不能随处乱放。不焊时，应放在烙铁架上。注意烙铁头不可碰到电源线，以免烫坏绝缘层发生短路事故。

⑤ 使用结束后，应及时切断电源，拔下电源插头。待烙铁冷却后放入工具箱。

⑥ 实训过程应执行7S管理标准备，安全有序进行实训。

学习活动3　现场施工

学习过程

一、音调调整电路的安装调试

1. 认识函数信号发生器的作用及使用

函数（波形）信号发生器。能产生某些特定的周期性时间函数波形（正弦波、方波、三角波、锯齿波和脉冲波等）信号，频率范围可从几个微赫到几十兆赫函数信号发生器在电路实验和设备检测中具有十分广泛的用途。例如在通信、广播、电视系统中，都需要射频（高频）发射，这里的射频波就是载波，把音频（低频）、视频信号或脉冲信号运载出去，就需要能够产生高频的振荡器。

使用时先将信号选中相应频率的正弦波，用信号线将所选的函数输出，接到音调调整电路的输入端即可。

2. 音调调整电路的原理

音调控制是指人为地调节输入信号的低频、中频、高频成分的比例，改变音响系统的频率响应特性，以补偿音响系统各环节的频率失真，或用来满足聆听者对音色的不同爱好。反馈式音调控制电路通过改变电路频率响应特性曲线的转折频率来改变音调。

3. 对于输入中的低频成分，C23可视为开路；对于输入中的高频成分C21、C22可视为短路。调节R26可提高或衰减高音增益，调节R22可提高或衰减低音增益，从而实现了音频调节作用。

二、音调调整电路的安装

（1）音调调整电路原理图（见图3-12）。

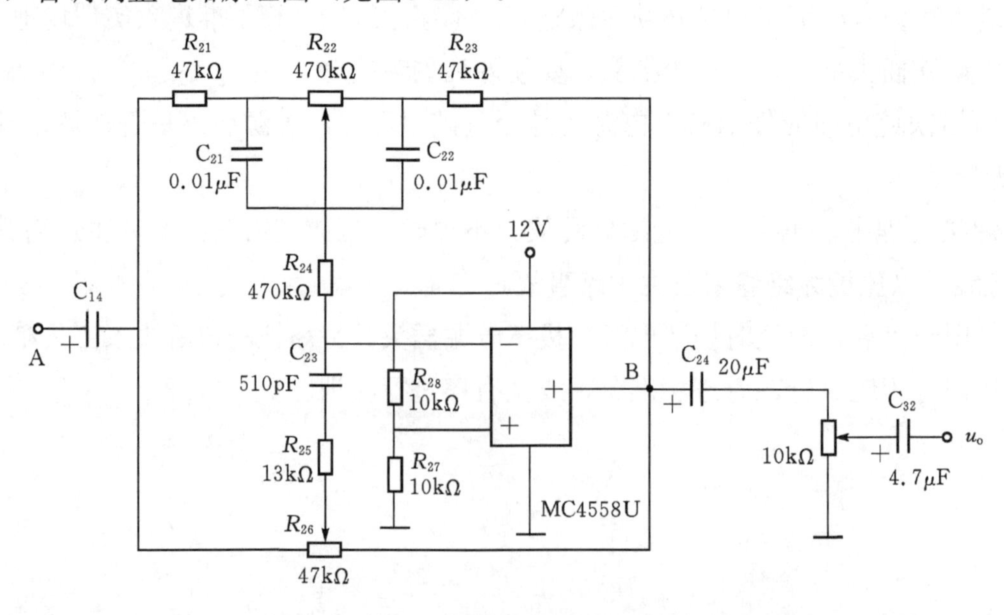

图3-12　音调调整电路原理图

（2）根据图纸进行电路的安装根据上图，在万能板上进行安装与测试，具体步骤如图3-13所示。

图3-13　音调调整电路安装图

<table>
<tr><td>任务电路</td><td></td><td>第___组组长</td><td></td><td>完成时间</td><td></td></tr>
<tr><td>基本电路安装</td><td colspan="5">1. 根据所学电路原理图，绘制电路接线图。

2. 根据接线图，安装并焊接电路，写出电路工作原理。</td></tr>
<tr><td>电路调试</td><td colspan="5">3. 用万用表调试电路。
<table>
<tr><td>输入电压</td><td>单位</td><td>输出电压</td><td>单位</td></tr>
<tr><td>U_+电压</td><td>V</td><td>U_B电压</td><td>V</td></tr>
<tr><td>U_-电压</td><td>V</td><td></td><td></td></tr>
</table>

4. 用示波器观察U_+、U_-、U_B波形。
（1）SEC/DIV：___
（2）VOLTS/DIV：___
（3）U_A：___
（4）U_B：___
（5）U_C：___</td></tr>
</table>

学习活动4　总结评价

学习过程

一、总结评价

<table>
<tr><td>任务电路</td><td></td><td>第___组组长</td><td></td><td>完成时间</td><td></td></tr>
<tr><td>自我总结</td><td colspan="5">1. 任务单完成情况

2. 工作准备情况

3. 任务实施情况

4. 个人收获情况</td></tr>
<tr><td>小组评价</td><td colspan="5">（以小组为单位，组长检查本组成员完成情况，可任意指定本组成员将相关情况进行总结汇报。）</td></tr>
</table>

二、小组互评

根据每个小组的完成情况给出各小组本任务的综合成绩，分析工作任务完成情况，并根据人员汇报情况（表达方式，表达能力，创新能力，综合素质等）相应加分。

三、教师评价

教师听学生汇报学习成果，根据各小组任务完成情况给出各小组本任务综合成绩。

学习任务评价表

序号	主要内容		考核要求	评分标准	配分	自我评价	小组互评	教师评价
1	职业素质	劳动纪律	按时上下课，遵守实训现场规章制度	上课迟到、早退、不服从指导老师管理，或不遵守实训现场规章制度扣1～7分	7			
		工作态度	认真完成学习任务，主动钻研专业技能	上课学习不认真，不能按指导老师要求完成学习任务扣1～7分	7			
		职业规范	遵守电工操作规程及规范	不遵守电工操作规程及规范扣1～6分	6			
2	明确任务		填写工作任务相关内容	工作任务内容填写有错扣1～5分	5			
3	工作准备		1.按原理图提供的电路元器件，查出单价并计算元器件的总价，填写在元器件明细表中 2.检测元器件	1. 正确识别和使用万用表检测各种电子元器件。 2. 元件检测或选择错误扣1～5分	10			
4	任务实施	安装工艺	1.按焊接操作工艺要求进行，会正确使用工具 2.焊点应美观、光滑牢固、锡量适中匀称、万能板的板面应干净整洁，引脚高度基本一致	1. 万用表使用不正确扣2分 2. 焊点不符合要求每处扣0.5分 3. 桌面凌乱扣2分 4. 元件引脚不一致每个扣0.5分	10			
		安装正确及测试	1.各元器件的排列应牢固、规范、端正、整齐、布局合理、无安全隐患 2. 测试电压应符合原理要求 3.电路功能完整	1.元件布局不合理安装不牢固，每处扣2分 2.布线不合理，不规范，接线松动，虚焊，脱焊接触不良等每处扣1分 3.测量数据错误扣5分 4.电路功能不完整少一处扣10分	40			

		故障分析及排除	分析故障原因，思路正确，能正确查找故障并排除	1．实际排除故障中思路不清楚，每个故障点扣3分 2．每少查出一个故障点扣5分 3．每少排除一个故障点扣3分 4．排除故障方法不正确，每处扣5分	10			
5	创新能力		工作思路、方法有创新	工作思路、方法没有创新扣10分	10			
备注				合计	100			
				指导教师签字	年　月　日			

正弦波信号的安装与调试

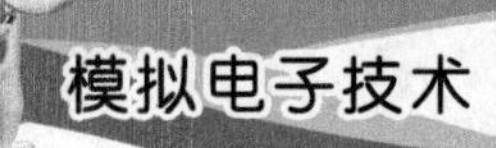

知识准备

一、正弦波振动电路的基本组成

振荡器是一种能自动地将直流电源能量转换为一定波形的交变振荡信号能量的转换电路。它与放大器的区别在于，无需外加激励信号，就能产生具有一定频率、一定波形和一定振幅的交流信号。

如图4-1所示为正弦波振荡电路的组成框图。

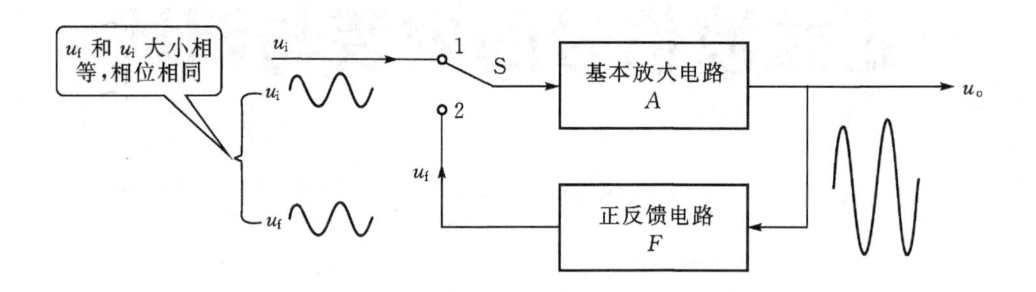

图4-1 正弦波振荡电路组成框图

当开关S接“1”端时，输入信号u_i经基本放大电路放大，在输出端得到一个放大的输出信号u_o。这时如果将开关S瞬间接“2”端，从输出端引入正反馈信号u_f，并使u_f与原输入信号大小相等、相位相同，则整个电路在去掉输入信号u_i的情况下，即可依赖反馈信号u_f持续输出稳定的信号。

由图4-1可以看出，正弦波振荡电路由一个基本放大电路和一个反馈电路组成，但要产生单一频率的正弦波，还必须有选频电路。此外，还要有稳幅环节，以保证输出信号的稳定。正弦波振荡电路的组成及其作用见表4-1。

在不少实用电路中，常将选频网络和反馈网络合二为一，对于分立元件的振荡电路，则常常以依靠半导体管的非线性和引入负反馈来实现稳幅作用。

表4-1 正弦波振荡电路的组成及其作用

组成部分	作用
基本放大电路	保证电路具有足够的放大倍数
正反馈电路	引入正反馈，使放大电路的反馈信号等于输入信号
选频网络	确定电路的振荡频率，使电路产生单一频率的正弦波
稳幅环节	改善振荡波形，稳定输出幅度

二、产生自激振荡的条件

由于自激振荡是无须外加信号而靠振荡器内部反馈作用维持振荡的工作状态，因此要形成等幅振荡必须保证每次回送的反馈信号与原输入信号完全相同，即不仅要振幅相同，而且要相位相同，所以振荡电路的自激振荡条件应包含以下两项。

1. 相位平衡条件

反馈信号的相位必须与输入信号同相位，基本放大电路与反馈网络的总相移必须等于2π的整数倍，即：

$$\varphi_A+\varphi_F=2n\pi\ (n\text{为整数})$$

这样所引入的反馈才是正反馈。

2. 振幅平衡条件

设放大电路电压放大倍数为A，反馈系数为F，根据反馈信号与输入信号大小相等的要求，则有$u_f=AFu_i=u_i$，可得

$$AF=1$$

一般$AF\geqslant1$，这样做是为了便于电路起振。

三、LC正弦波振荡器

1. 变压器反馈式振荡器。

变压器反馈式振荡器分类：集—基耦合式和集—射耦合式。

（1）集—基耦合式振荡器。集—基耦合式振荡器电路结构如图4-2所示，VT及其周边元件构成放大器。LC是一个选频网络，其固有谐振频率为f_0，它能将频率为f_0的信号选出来。因此，VT所构成的放大器是一个选频放大器。

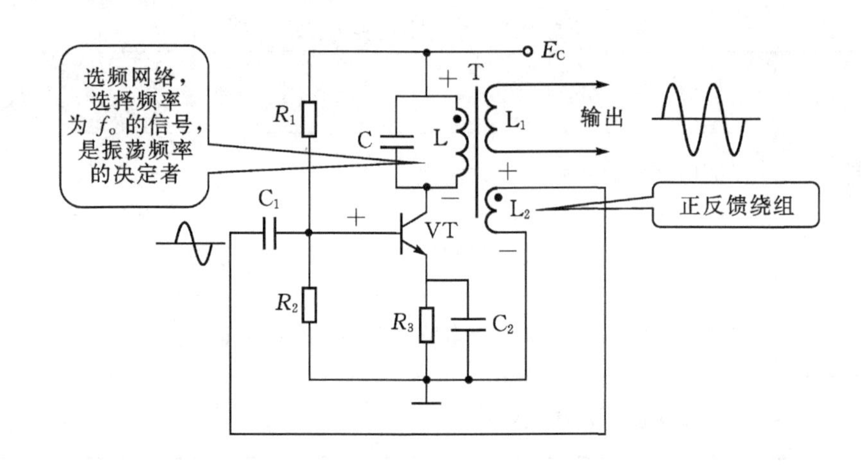

图4-2 变压器反馈式振荡器

L_2绕组为正反馈绕组，它负责将反馈信号送至VT的基极。

集-射耦合式振荡器的电路工作原理。用瞬间极性法可以判断出电路中有正反馈存在。说明满足相位平衡条件。如果合理安排L_2与L的匝数比，就可以满足振幅平衡条件。电路是很容易振荡的。

（2）集-射耦合式振荡器。集-射耦合式振荡器如图4-3所示，L_1为正反馈绕组，它将反馈信号从集电极引到发射极，故称集-射耦合式。

用瞬间极性法可以判断出电路中有正反馈存在。说明满足相位平衡条件。若合理安排L_1和L的匝数比，就能满足振幅平衡条件，使电路产生振荡。

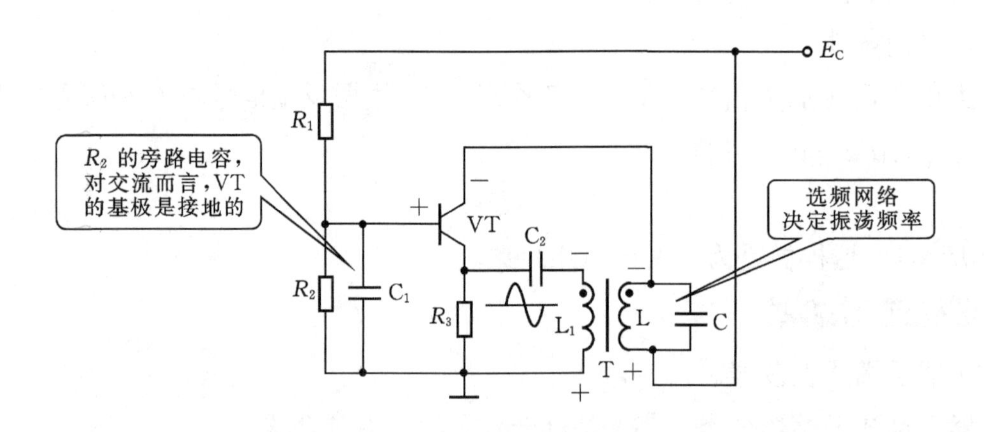

图4-3 集-射耦合式振荡器

2. 电感三点式振荡器

电感三点式振荡器如图4-4（a）所示，图4-4（b）是它的交流等效电路，从交流等效电路可以看出，三极管的三个电极分别与电感的三个端子相连，故称为电感三点式振荡器。

反馈信号取自L_2两端，用瞬间极性法可以判断出是正反馈存在，说明满足相位平衡条件。若合理安排L_1和L的匝数比，就能满足振幅平衡条件，使电路产生振荡。

在不考虑L_1、L_2互感时，电感三点式振荡器的振荡频率为

$$f_o=\frac{1}{2\pi\sqrt{LC}}$$

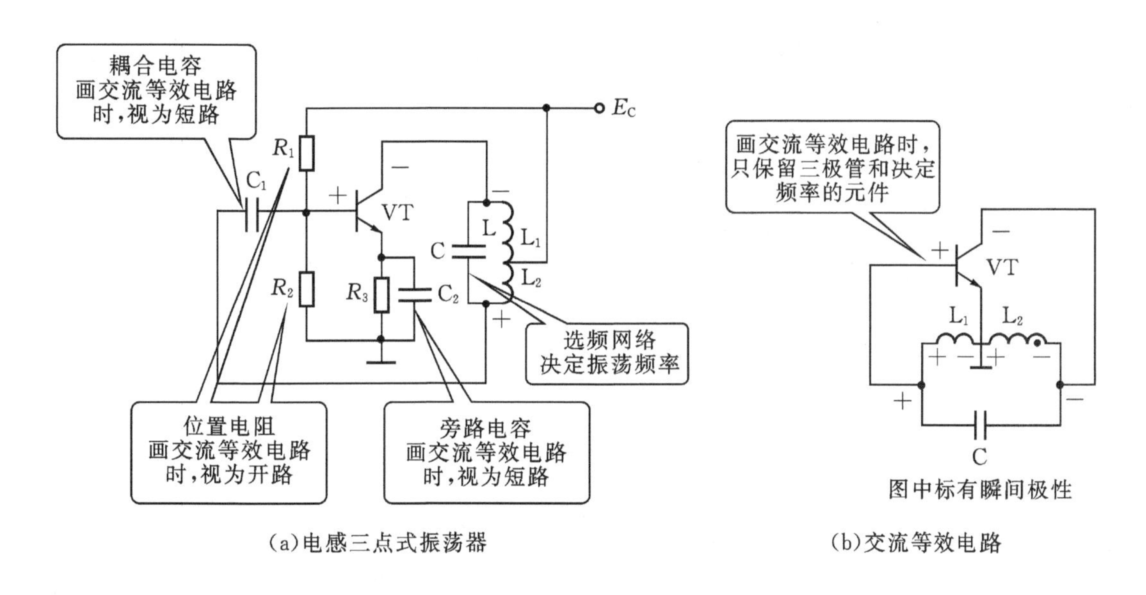

(a)电感三点式振荡器　　(b)交流等效电路

图4-4　电感三点式振荡器

四、电容三点式振荡器

1.基本电路

电容三点式振荡器的基本电路如图4-5（a）所示，图4-5（b）是它的交流等效电路。从交流等效电路可以看出，三极管的三个电极分别接在振荡电容的三个端点上，故而称为电容三点式振荡器，反馈电压取自电容C_2的两端。

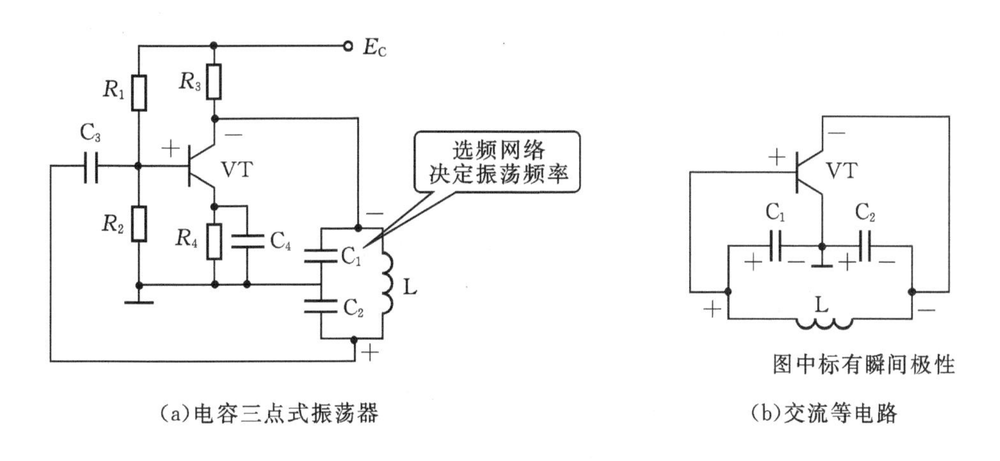

(a)电容三点式振荡器　　(b)交流等电路

图4-5　电容三点式振荡器

用瞬间极性法可以判断出电路中有正反馈存在。说明满足相位平衡条件。合理安排C_1、C_2的容量比，就能满足振幅平衡条件，使电路能够振荡。该电路的振荡频率为

$$f_o=\frac{1}{2\pi\sqrt{LC}}$$

式中，C代表C_1和C_2串联后的总容量，其值为：$C=\frac{C_1 \cdot C_2}{C_1+C_2}$

2. 电容三点式振荡器的改进

由于三极管存在一定的极间电容，参考下图4-6。当振荡频率高到一定程度时，极间电容的影响也就变得十分明显。结果使振荡频率变得不稳。为了杜绝这种现象，必须对电路加以改进。

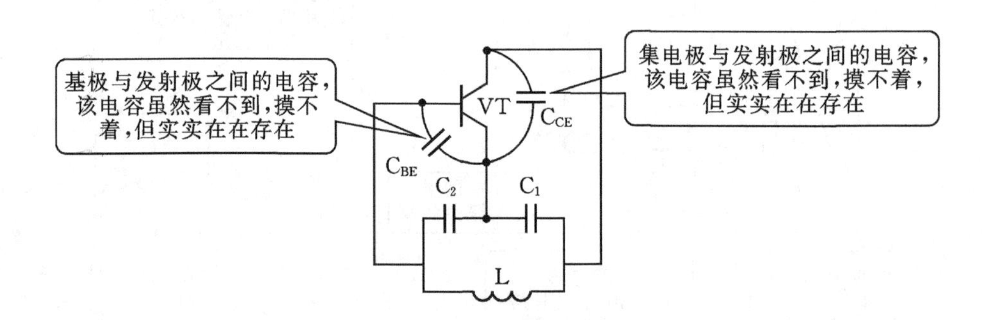

图4-6　电容三点式振荡器的改进

目前用得较多的改进电路是克拉波振荡电路，其电路结构如图4-7（a）所示，图4-7（b）是它的交流等效电路。

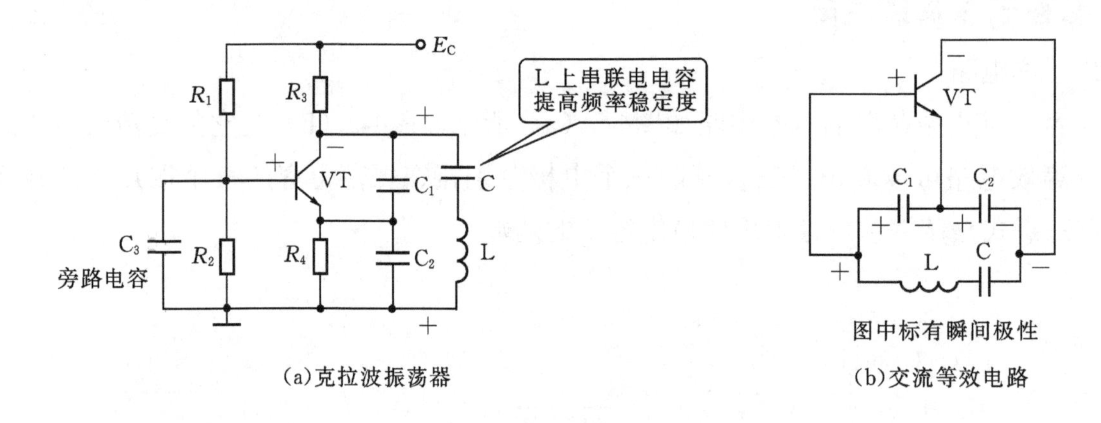

图4-7　克拉波震荡电路

由图可以看出，它仍属电容三点式振荡器，只不过在L上串联了一只小电容C，要求$C \ll C_1$和$C \ll C_2$。C_1、C_2和C串联后的总容量为

$$C_{总}=\frac{1}{\frac{1}{C_1}+\frac{1}{C_2}+\frac{1}{C}}\approx\frac{1}{\frac{1}{C}}=C$$

故振荡频率f_o为

$$f_o=\frac{1}{2\pi\sqrt{LC}}$$

由上式可以看出，电路改进后的振荡频率f_o基本与C_1、C_2无关，自然也就不会受C_{BE}、C_{CE}的影响了。

五、石英晶体振荡器电路

在一般振荡电路中，尽管采取了多种稳频措施，其频率稳定度也只能达到10^{-3}～10^{-5}数量级。当要求频率稳定度高于10^{-5}数量级时，就需要采用石英晶体振荡器，例如，标注信号发生器，脉冲计数器和计算机时钟发生器等。如图4-8所示为计算机网卡上的石英晶体振荡器。

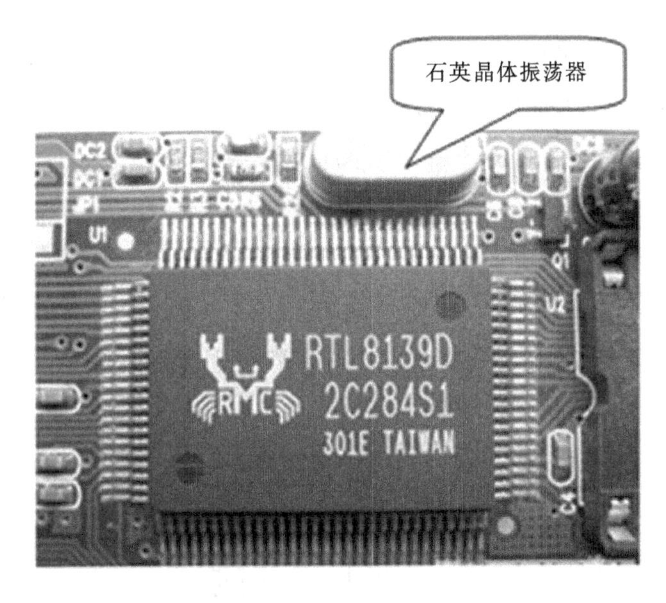

图4-8　计算机网卡上的石英晶体振荡器

1. 石英晶体的特性

石英晶体振荡器较高的频率稳定度与石英晶体本身的特性有关。将天然的石英晶体按一定方向割成很薄的晶片，再将晶体的两个相对面抛光、镀银，并引出两个电极，加以封装就构成石英晶体振荡器，简称晶振。其结构、图形符号与外形如图4-9所示。

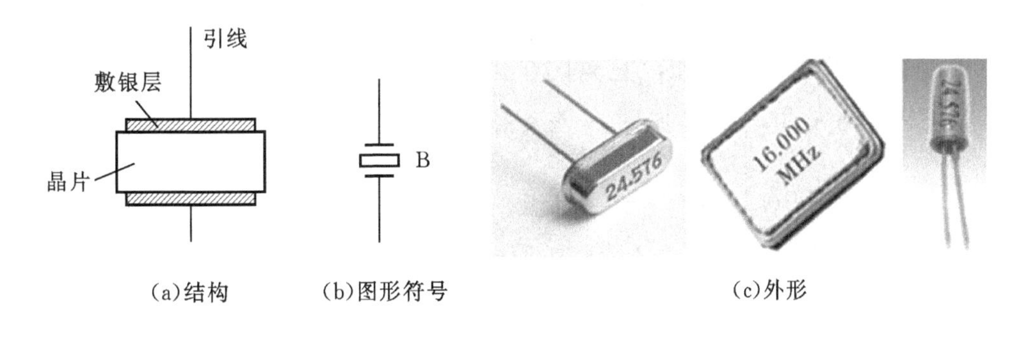

图4-9　石英晶体谐振器

2. 压电效应和压电谐振

当在石英晶体两极间加上交变电场时，晶片将会产生相应频率的机械变形；反之，当施加机械力使晶片产生机械振动时，晶片两极间也会出现相应的交变电场，这种物理现象称为压电效应。一般情况下，无论是机械振动还是交变电场，其幅度都很小。但是当外加交变电场的频率与石英晶体的固有频率相当时，机械振动的振幅会骤然增大，产生共振，这就是石英晶体的压电谐振。产生压电谐振时的频率称为石英晶体的谐振频率。

3. 等效电路和振荡频率

石英晶体的等效电路如图4-10所示，当晶体不振动时，可等效为一个平板电容C_0，称为静态电容，其值约为几皮法到几十皮法。当晶体振动时，可用电感L或电容C分别等效晶体振动时的惯性和弹性，用电阻R等效晶体振动时的摩擦耗损。一般L约$1\times10^{-3}\sim1\times10^{-2}$H，$C$为$1\times10^{-2}\sim1\times10^{-1}$pF，$R$约为100Ω。由于$L$很大，$C$和$R$很小，根据$Q=\frac{1}{R}\sqrt{\frac{L}{C}}$可知，回路的品质因数$Q$值极高，为$1\times10^{4}\sim1\times10^{6}$，而且晶体的固有频率只与晶片的几何尺寸和电极面积有关，所以可以做得很精确、很稳定。

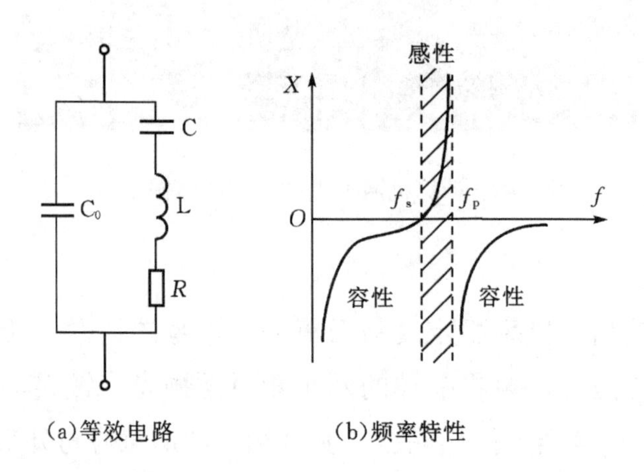

图4-10　石英晶体的等效电路和频率特性

分析石英晶体的等效电路可知，它有两个谐振频率。

（1）当LCR支路发生串联谐振时，该支路呈纯阻性，等效电阻为R，阻抗最小，串联谐振频率为

$$f_0=\frac{1}{2\pi\sqrt{LC}}$$

（2）当外加信号频率高于f_s时，LCR支路呈电感性，与C_0支路发生并联谐振，并联谐振频率为

$$f_p = \frac{1}{2\pi\sqrt{\frac{C_0}{C+C_0}}} = f_s\sqrt{1+\frac{C}{C_0}}$$

由于C远大于C_0，因此，f_s和f_p非常接近。石英晶体的频率特性如图4-10（b）所示。石英晶体在频率为f_s时呈纯阻性，在f_s和f_p之间呈感性，在此区域之外均呈容性。

工作任务描述：

在电子设备中，常采用振荡电路能产生正弦波作为载波信号源，本任务用分立元件构成RC桥式振荡电路产生正弦波。

工作流程与活动

1. 明确任务
2. 工作准备
3. 现场施工
4. 总结评价

学习活动1　明确工作任务

学习目标

知识与技能：

1. 了解RC振荡电路工作原理。
2. 会筛选电子元器件和用示波器测量扬声器输出波形。
3. 会分析波形失真原因并调试好波形。

学习过程

一、根据任务单了解所要解决的问题，说出本次任务的工作内容、时间要求等信息。

任务单

编号： 401

电路名称		制作单位		核心元件	
工作内容					
开工时间			竣工时间		
达到效果					

（1）根据任务单，查阅任务单中RC桥式振荡电路的基本情况并填写。

（2）查阅并画出该型号电路的原理图。

（3）学习并掌握RC桥式振荡工作原理。

学习活动2　工作准备

学习过程

1. 准备工具和器材

（1）工具。本次作任务所需要的工具见表4-2。

表4-2　工具

编号	名称	规格	数量
1	直流电源	0～30V	1台
2	万用表	可选择	1只
3	电烙铁	15～30W	1把
4	烙铁架	可选择	1只
5	示波器		1台
6	电子实训通用工具	尖嘴钳、斜口钳、镊子、螺丝刀（一字和十字）	1套

（2）器材。本次任务所需要元器件见表4-3。

表4-3　元器件明细表

代号	名称	规格	数量	代号	名称	规格	数量
PCB	万能板	80×80 mm	1	R_9	碳膜电阻	82 Ω	1
R_1、R_2	碳膜电阻	16 kΩ	2	R_{10}	碳膜电阻	430 Ω	1
R_3	碳膜电阻	1 MΩ	1	R_P	微调电阻器	10k Ω	1
R_4	碳膜电阻	10 kΩ	1	C_1、C_2	涤纶电容	0.01μF	2
R_5	碳膜电阻	1.2 kΩ	1	C_3、C_4、C_5	电解电容器	10μF/25V	3
R_6	碳膜电阻	100k Ω	1	C_6	电解电容器	47μF/25V	1
R_7	碳膜电阻	15 kΩ	1	VT_1、VT_2	三极管	9013或3DG6	2
R_8	碳膜电阻	5.1 kΩ	1				

2. 元器件识别、检测和选用

利用万用表分别检测判断碳膜电阻、电解电容、三极管的阻值和好，记录并与器材清单核对。

3. 环境要求：

① 操作平台不允许放置其他器件、工具与杂物，要保持整洁。

② 在操作过程中，工具与器件不得乱摆乱放，注意规范整齐，在万能板上安装元器件时，要注意前后，上下位置。

③ 操作结束后，要将工位整理好，收拾好器材与工具，清理台面和地上杂物，关闭电源。

④ 将器材与工具分类放入工具箱，并摆放好凳子，方能离开。

4. 安装过程的安全要求：

安装过程必须要有“安全第一”的意识，具体要求如下：

① 进入实训室，劳保用品必须穿戴整齐。不穿绝缘鞋一律不准进入实训场地。

② 电烙铁插头最好使用三相插头，要使外壳妥善接地。

③ 电烙铁使用前应仔细检查电源线是否有破损现象，电源插头是否损坏，并检查烙铁头有无松动。

④ 焊接过程中，电烙铁不能随处乱放。不焊时，应放在烙铁架上。注意烙铁头不可碰到电源线，以免烫坏绝缘层发生短路事故。

⑤ 使用结束后，应及时切断电源，拔下电源插头。待烙铁冷却后放入工具箱。

⑥ 实训过程应执行7S管理要求，安全有序进行实训。

学习活动3　现场施工

学习过程

1. RC桥式振荡电路原理（如图4-11所示）。

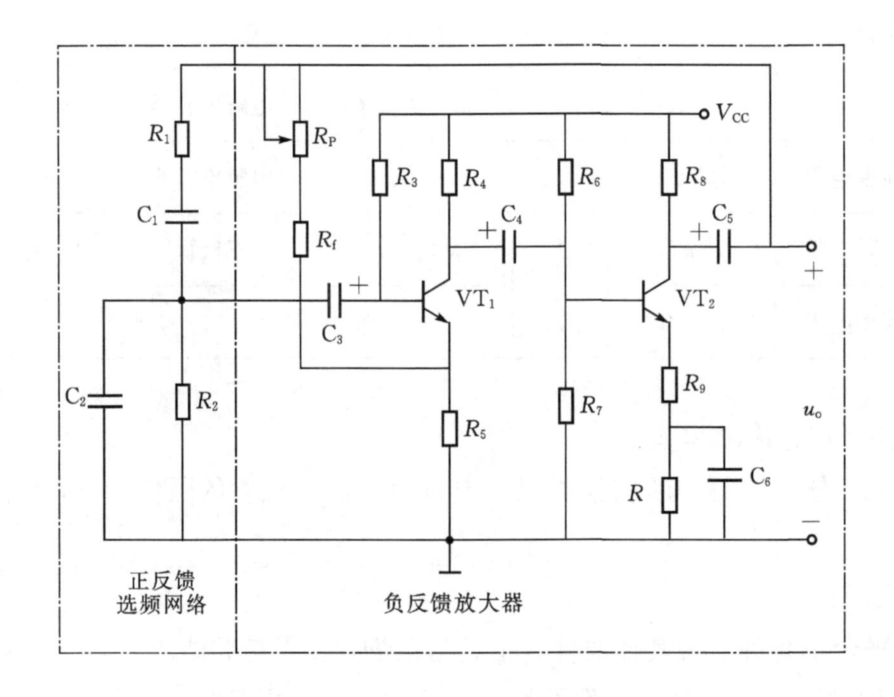

图4-11　RC桥式振荡电路原理图

2. 根据原理图进行电路的安装

根据图4-11，在万能板上进行安装的实物图如图4-12，具体安装与调试步骤如下。

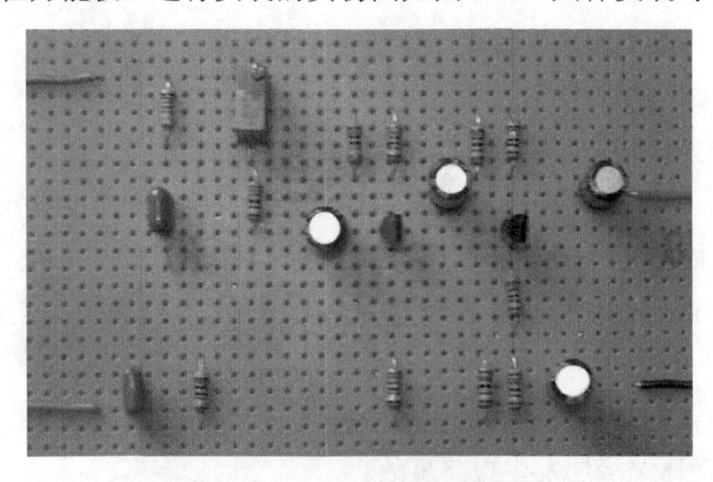

图4-12　RC桥式振荡电路实物图

（1）对元器件进行检测，按工艺要求对元器件的引脚进行成形加工，参考图4-12所示实物图安装焊接电路。

（2）电路检查无误后接通5V电源，调节RP，使得示波器无明显失真的波形，如图4-13所示。读出该正弦波频率为1kHz。

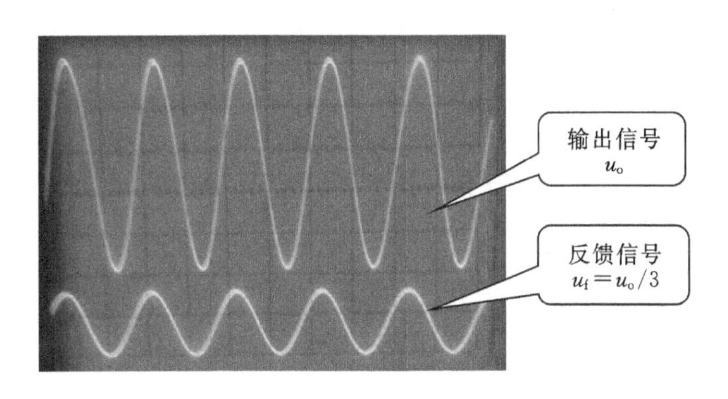

图4-13　RC桥式振荡器演示波形图

3. 测得输出信号电压u_O峰-峰值为5.2 V，反馈电压u_f的峰-峰值为1.7 V，$u_f/u_O\approx 1/3$，且u_f与u_O相位相同。

<table>
<tr><td>任务电路</td><td></td><td>第___组组长</td><td></td><td>完成时间</td><td></td></tr>
<tr><td>基本电路安装</td><td colspan="5">1. 根据所学电路原理图，绘制电路接线图：

2. 根据接线图，安装并焊接电路，写出电路工作原理。</td></tr>
<tr><td>电路调试</td><td colspan="5">1. 用万用表调试电路：
<table>
<tr><td>输入___电压</td><td>V</td><td>输出___电压</td><td>V</td></tr>
<tr><td>A、B两端电压</td><td></td><td>U_o两端电压</td><td></td></tr>
<tr><td>B、A两端电压</td><td></td><td>反测U_o两端电压</td><td></td></tr>
</table>
2. 根据测量结果，比较一下直流电与交流电，说说这两者的区别。</td></tr>
</table>

学习活动4　总结评价

学习过程

一、总结评价

任务电路		第___组组长		完成时间	
自我总结	1. 任务单完成情况 2. 工作准备情况 3. 任务实施情况 4. 个人收获情况				
小组评价	（以小组为单位，组长检查本组成员完成情况，可任意指定本组成员将相关情况进行总结汇报。）				

二、小组互评

根据每个小组的完成情况给出各小组本任务的综合成绩，并根据人员汇报情况（表达方式，表达能力，创新能力，综合素质等）相应加分。

三、教师评价

教师根据各小组任务完成情况给出各小组本任务综合成绩。

学习任务评价表

序号	主要内容		考核要求	评分标准	配分	自我评价	小组互评	教师评价
1	职业素质	劳动纪律	按时上下课，遵守实训现场规章制度	上课迟到、早退、不服从指导老师管理，或不遵守实训现场规章制度扣1～7分	7			
		工作态度	认真完成学习任务，主动钻研专业技能	上课学习不认真，不能按指导老师要求完成学习任务扣1～7分	7			
		职业规范	遵守电工操作规程及规范	不遵守电工操作规程及规范扣1～6分	6			
2	明确任务		填写工作任务相关内容	工作任务内容填写有错扣1～5分	5			
3	工作准备		1.按考核图提供的电路元器件，查出单价并计算元器件的总价，填写在元器件明细表中 2.检测元器件	1. 正确识别和使用万用表检测各种电子元器件。 2. 元件检测或选择错误扣1～5分	10			
4	任务实施	安装工艺	1.按焊接操作工艺要求进行，会正确使用工具 2.焊点应美观、光滑牢固、锡量适中匀称、万能板的板面应干净整洁，引脚高度基本一致	1. 万用表使用不正确扣2分 2. 焊点不符合要求每处扣0.5分 3. 桌面凌乱扣2分 4. 元件引脚不一致每个扣0.5分	10			
		安装正确及测试	1.各元器件的排列应牢固、规范、端正、整齐、布局合理、无安全隐患。 2. 测试电压应符合原理要求 3.电路功能完整	1.元件布局不合理安装不牢固，每处扣2分。 2.布线不合理，不规范，接线松动，虚焊，脱焊接触不良等每处扣1分。 3.测量数据错误扣5分。 4.电路功能不完整少一处扣10分	40			
		故障分析及排除	分析故障原因，思路正确，能正确查找故障并排除	1. 实际排除故障中思路不清楚，每个故障点扣3分 2. 每少查出一个故障点扣5分 3. 每少排除一个故障点扣3分 4. 排除故障方法不正确，每处扣5分	10			

续表

<table>
<tr><td>5</td><td>创新能力</td><td>工作思路、方法有创新</td><td>工作思路、方法没有创新扣5分</td><td>5</td><td></td><td></td><td></td></tr>
<tr><td rowspan="2">备注</td><td rowspan="2"></td><td>合计</td><td>100</td><td></td><td></td><td></td></tr>
<tr><td>指导教师签字</td><td colspan="3">年 月 日</td><td></td></tr>
</table>

功率放大电路的安装与调试

知识准备

功率放大器简称功放器，它一般用作多级放大器的末级电路。功率放大器的类型较多，如甲类功率放大器、乙类推挽功率放大器、OTL功率放大器、OCL功率放大器等。

一、甲类功率放大器

1. 电路结构及工作原理

甲类功率放大器如图5-1所示，级间采用变压器耦合方式。图中T_1是输入耦合变压器，T_2是输出耦合变压器。R_1和R_2分别是基极上偏电阻和下偏电阻。R_3是发射极负反馈电阻，能稳定VT的工作点。

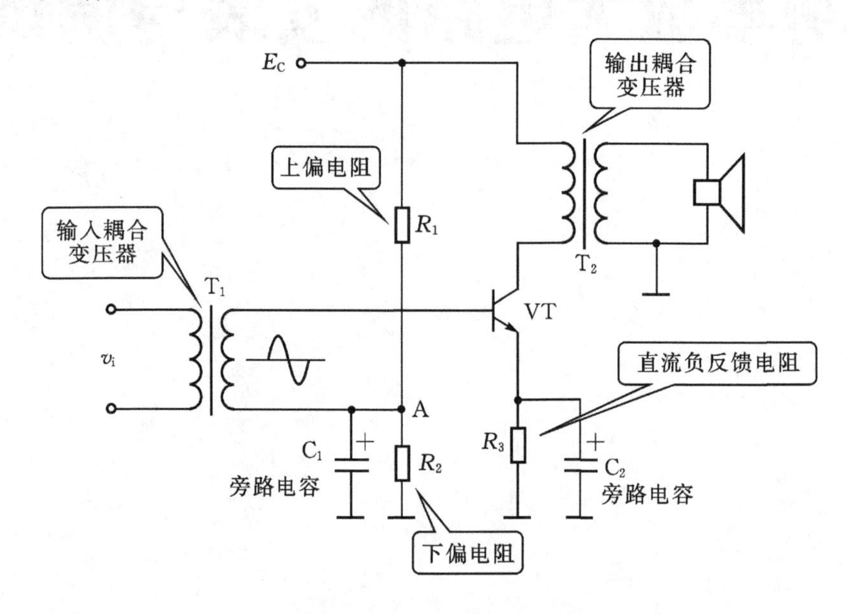

图5-1　甲类功率放大器

T_1次级上信号全部加在VT的基极与发射极之间。经VT放大后的交流信号由T_2送到扬声器，推动扬声器工作。

2. 变压器的阻抗变换作用

采用变压器耦合信号具有阻抗变换作用，能实现阻抗匹配，使扬声器获得最大功率。

在变压器次级上接一阻抗为R_L的负载，相当于在输出放大器的输出端接一阻抗为n_2R_2的负载，这种现象就称为阻抗变换。

3. 特点

声音特点：非常平滑的音质，音色圆润温暖。

耗能特点：电耗等于是一部空调。

二、乙类推挽功率放大器

1. 电路结构及工作原理

乙类推挽功率放大器的原理电路如图5-2所示。

乙类推挽功率放大器的主要特点是两管交替工作，每个管子放大半周信号，再由输出变压器将每管工作时所放大的半周信号进行合成，得到全周信号输出。

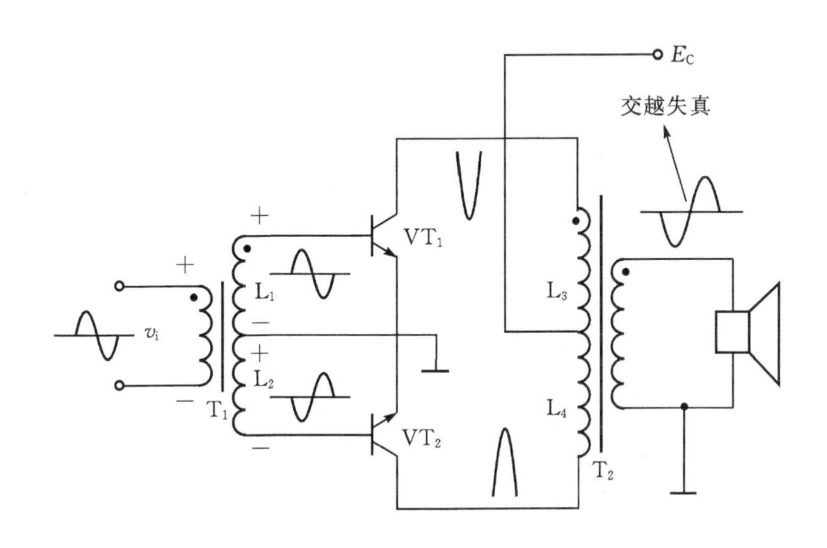

5-2　乙类推挽功率放大器

2. 交越失真问题

在乙类工作状态下，会出现“交越失真”现象，在分析电路时把三极管的导通电压看作零，当输入电压较低时，因三极管截止而产生的失真称为交越失真。

减小交越失真的方法是，给三极管加上一定的正向偏压如图5-3所示，这样，就能保证三极管在信号电压较低时，仍处于导通状态。

三、OTL电路

1. OTL电路工作原理

互补对称功率放大器又称OTL电路如图5-4所示，OTL这种电路的主要优点是，与乙类功放省去了笨重的输入变压器和输出变压器。

OTL电路的工作原理可用下图来说明，VT_1为推动管，VT_2和VT_3为互补对称管，俗称功放对管。

OTL电路是利用NPN型三极管和PNP型三极管导电特性相反的特点，将两管分别接成射极输出器形式而构成的。两管在作用上互相补偿，在连接上互相对称。在静态时，因两管参数接近，故中点电压约为电源电压的一半左右。

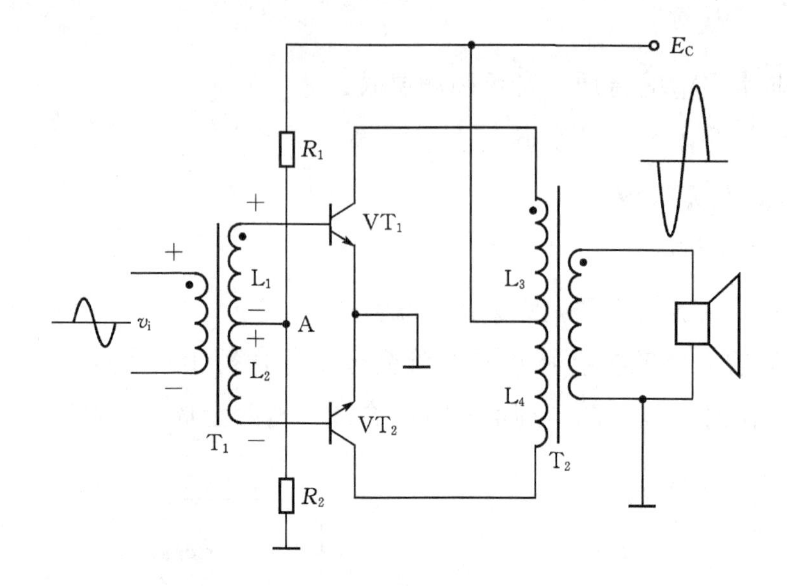

图5-3　加正向偏压乙类推挽功率放大器

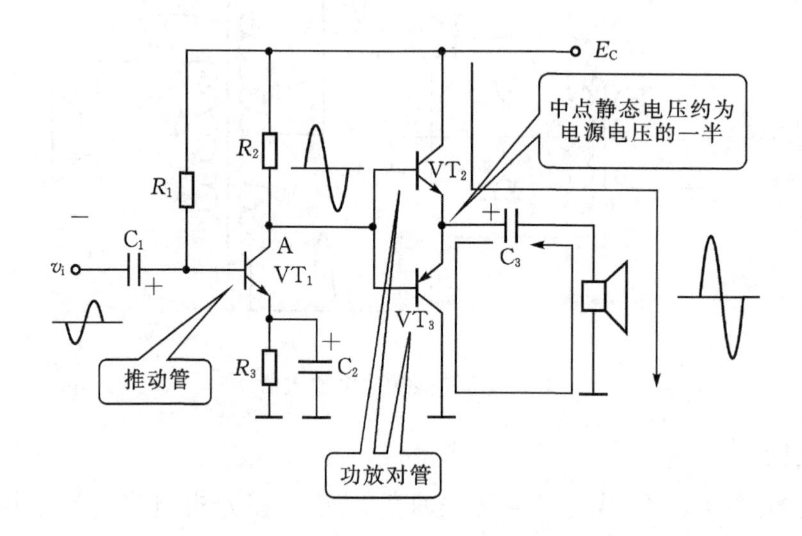

图5-4　OTL电路

与乙类推挽功率放大器一样，OTL电路也存在着交越失真，解决交越失真的方法是，给功放对管的基极加一定的偏置电压，使两管在静态时处于临界导通（微导通）状态。

2. 实用型OTL电路

在OTL电路中设置级间负反馈，并增加自举升压电路后就成了实用型OTL电路，如图5-5所示。

图5-5中，VT_1为前置级，VT_2和VT_3组成互补对称功率放大级。VT_2和VT_3的参数非常接近。R_2能稳定电路工作点。例如，当某种原因引起A点电压（VA）上升时，电路具有如下自动调节过程：

$$V_A\uparrow\rightarrow V_D\uparrow\rightarrow V_E\downarrow、V_B\downarrow\rightarrow V_A\downarrow$$

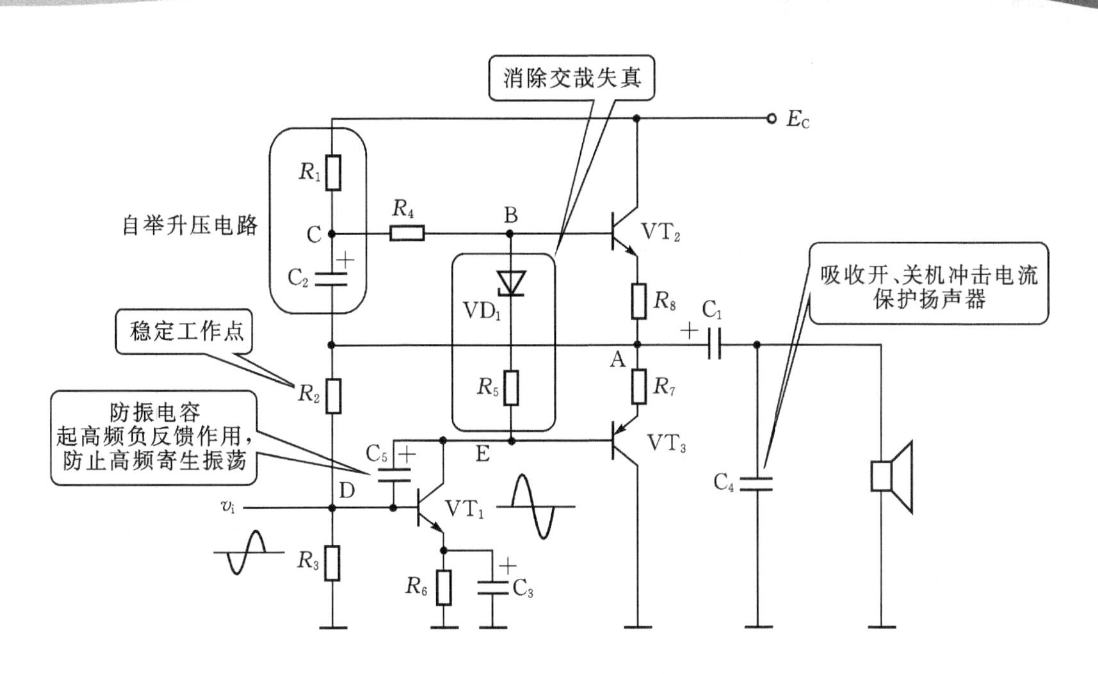

图5-5　实用OTL电路

由于R_2的负反馈作用，能使电路工作点保持稳定，使A点电压稳定在$\frac{1}{2}E_C$上。

C_2和R_1构成自举升压电路，C_2为升压电容。C_4能吸收开、关机冲击电流，保护扬声器。

课后习题

一、填空题

1. 乙类互补功率放大电路会产生一种被称为____________失真的特有非线性失真现象。为了消除这种失真，应当使互补对称功率放大电路工作在___________类状态。

2. 在推挽功率放大电路中设置适当的偏置是为了________，如果直流偏置过大则会使___________下降。

3. OCL 互补对称功率放大器与OTL电路的区别有两点，一是不用输出________；二是采用双_______供电。

二、简答题

1. 甲类功率放大器与乙类推挽功率放大器的区别有哪些？

2. 什么叫交越失真，如何解决教材图5-2 乙类推挽功率放大器的交越失真，并画出电路图。

工作任务描述：

OTL功率放大电路由激励放大级和功率放大输出级组成，将V_I输入的小信号经过C_1耦合电容，在经过V_1、V_2、V_3进行放大，达到推动扬声器工作。

工作流程与活动

1. 明确任务
2. 工作准备
3. 现场施工
4. 总结评价

学习活动1　明确工作任务

学习目标

知识与技能：

1. 了解V_2、V_3对管工作原理。
2. 会筛选电子元器件和用示波器测量扬声器输出波形。
3. 会分析波形失真原因并调试好波形。

学习过程

一、根据任务单了解所要解决的问题，说出本次任务的工作内容、时间要求等信息。

任务单

编号：501

电路名称		制作单位		核心元件	
工作内容					
开工时间			竣工时间		
达到效果					

1. 根据任务单，查阅任务单中OTL电路的基本情况并填写。
2. 查阅并画出该型号电路的原理图。
3. 学习并掌握OTL电路工作原理。

学习活动2　工作准备

学习过程

1. 准备工具和器材
2. 工具

本次作任务所需要的工具见表5-1。

表5-1　工具

编号	名称	规格	数量
1	直流电源	0～30Vdc	1台
2	万用表	可选择	1只
3	电烙铁	15～30W	1把
4	烙铁架	可选择	1只
5	示波器		1台
6	电子实训通用工具	尖嘴钳、斜口钳、镊子、螺丝刀（一字和十字）	1套

3. 器材

本次任务所需要元器件见表5-2。

表5-2 元器件明细表

代号	名称	规格	数量	代号	名称	规格	数量
PCB	万能板	80×80 mm	1	C_3	电解电容器	1000μF/25V	1
R_1	碳膜电阻	3.9 kΩ	1	C_4	电解电容器	100μF/25V	1
R_2	碳膜电阻	100 Ω	1	V_1	三极管	9013或3DG6	1
R_3	碳膜电阻	680 Ω	1	V_2	三极管	9014或3DG12	1
R_4	碳膜电阻	510 Ω	1	V_3	三极管	9015或3CG12	1
R_{P1}	电位器	100kΩ	1	V_D	二极管	1N4007	1
R_{P2}	电位器	1 kΩ	1	R_L	扬声器	8 Ω/0.5W	1
C_1	电解电容器	10 μF/25V	1	V_{cc}	直流电源	5V	1
C_2	电解电容器	100 μF/25V	1				

2. 元器件识别、检测和选用

利用万用表的分别检测判断碳膜电阻、电解电容、三极管、扬声器的阻值和好，记录并与器材清单核对。

编号	名称	型号	测量参数	是否正常
1	三极管			
2	电位器			
3	电容器			

3. 环境要求与安全要求

（1）环境要求

① 操作平台不允许放置其他器件、工具与杂物，要保持整洁。

② 在操作过程中，工具与器件不得乱摆乱放，注意规范整齐，在万能板上安装元器件时，要注意前后，上下位置。

③ 操作结束后，要将工位整理好，收拾好器材与工具，清理台面和地上杂物，关闭电源。

④ 将器材与工具分类放入工具箱，并摆放好凳子，方能离开。

（2）安装过程的安全要求

安装过程必须要有“安全第一”的意识，具体要求如下：

① 进入实训室，劳保用品必须穿戴整齐。不穿绝缘鞋一律不准进入实训场地。

② 电烙铁插头最好使用三极插头，要使外壳妥善接地。

③ 电烙铁使用前应仔细检查电源线是否有破损现象，电源插头是否损坏，并检查烙铁头有无松动。

④ 焊接过程中，电烙铁不能随处乱放。不焊时，应放在烙铁架上。注意烙铁头不可碰到电源线，以免烫坏绝缘层发生短路事故。

⑤ 使用结束后，应及时切断电源，拔下电源插头。待烙铁冷却后放入工具箱。

⑥ 实训过程应执行7S管理标准备，安全有序进行实训。

学习活动3　现场施工

学习过程

1. OTL功率放大器原理图5-7所示。

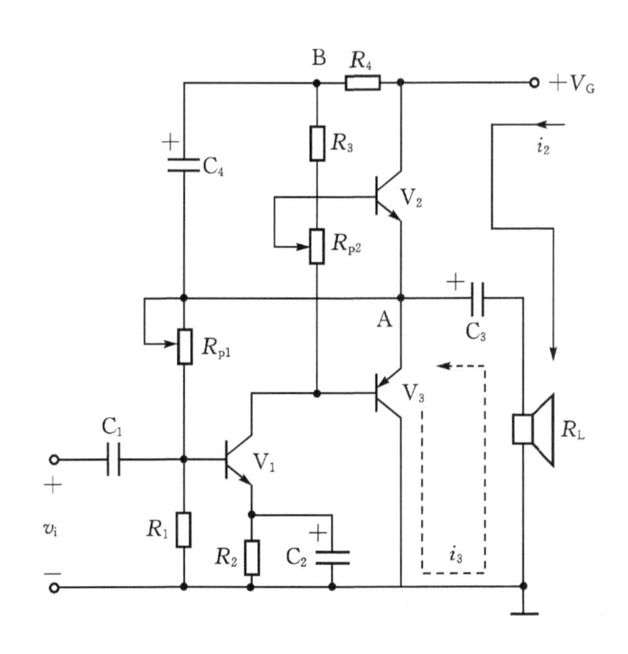

图5-7　OTL功率放大器原理图

2. 根据原理图进行电路的安装

根据图5-7，在万能板上进行安装的实物图如图5-8。

① 对元器件进行检测，按工艺要求对元器件的引脚进行成形加工，参考图5-8所示实物图安装焊接电路。

② 电路检查无误后接通5 V电源。用万用表测量输出A点的点位，调节微调电位器R_{P1}，使$U_A=V_C/2$。

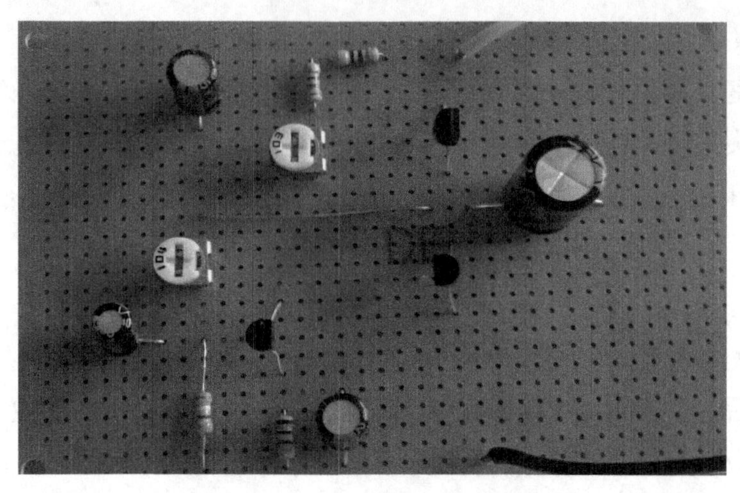

图5-8　OTL功率放大器实物图

③ 用镊子碰触C_1负极（放大器信号输入端），听扬声器是否随镊子的碰触发出“嘟嘟”声。或将音频信号送入放大电路，试听扬声器发出的声音。

调试中可能出现如下的故障情况：

A. 首先用万用表检查扬声器是否损坏，可用万用表电阻档，红表笔接地，黑表笔先点触扬声器，此时扬声器应发出“喀啦”“ 喀啦”的声音，如无此声，那么故障在扬声器；如有声，再检查其他相关部分。

B. 输出信号失真：失真的原因很多，如扬声器纸盒破坏、集成电路性能不良、元件性能指标下降等都会引起失真。

任务电路		第＿组组长		完成时间	
基本电路安装	1. 根据所学电路原理图，绘制电路接线图。 2. 根据接线图，安装并焊接电路。				

<table>
<tr><td>电路调试</td><td>
3. 用万用表调试电路。

输入电压	V	输出电压	V
U_A电压	V	U_B电压	V
U_C电压	V		

4. 用示波器观察A、B、C波形

（1）SEC/DIV：____
（2）VOLTS/DIV：____
（3）U_2：____
（4）U_z：____

5. 根据测量结果，计算I_{CQ1}，I_{CQ2}
</td></tr>
</table>

学习活动4　总结评价

学习过程

一、总结评价

任务电路		第___组组长		完成时间	
自我总结	1. 任务单完成情况 2. 工作准备情况 3. 任务实施情况 4. 个人收获情况				

小组评价	（以小组为单位，组长检查本组成员完成情况，可任意指定本组成员将相关情况进行总结汇报。）

二、小组互评

根据每个小组的完成情况给出各小组本任务的综合成绩，并根据人员汇报情况（表达方式，表达能力，创新能力，综合素质等）相应加分。

三、教师评价

教师根据各小组任务完成情况给出各小组本任务综合成绩。

学习任务评价表

序号	主要内容		考核要求	评分标准	配分	自我评价	小组互评	教师评价
1	职业素质	劳动纪律	按时上下课，遵守实训现场规章制度	上课迟到、早退、不服从指导老师管理，或不遵守实训现场规章制度扣1～7分	7			
		工作态度	认真完成学习任务，主动钻研专业技能	上课学习不认真，不能按指导老师要求完成学习任务扣1～7分	7			
		职业规范	遵守电工操作规程及规范	不遵守电工操作规程及规范扣1～6分	6			
2	明确任务		填写工作任务相关内容	工作任务内容填写有错扣1～5分	5			
3	工作准备		1.按考核图提供的电路元器件，查出单价并计算元器件的总价，填写在元器件明细表中 2.检测元器件	1. 正确识别和使用万用表检测各种电子元器件 2. 元件检测或选择错误扣1～5分	10			
4	任务实施	安装工艺	1. 按焊接操作工艺要求进行，会正确使用工具 2. 焊点应美观、光滑牢固、锡量适中匀称、万能板的板面应干净整洁，引脚高度基本一致	1. 万用表使用不正确扣2分 2. 焊点不符合要求每处扣0.5分 3. 桌面凌乱扣2分 4. 元件引脚不一致每个扣0.5分	10			

		安装正确及测试	1. 各元器件的排列应牢固、规范、端正、整齐、布局合理、无安全隐患 2. 测试电压应符合原理要求 3. 电路功能完整	1. 元件布局不合理安装不牢固，每处扣2分 2. 布线不合理，不规范，接线松动，虚焊，脱焊接触不良等每处扣1分 3. 测量数据错误扣5分 4. 电路功能不完整少一处扣10分	40			
		故障分析及排除	分析故障原因，思路正确，能正确查找故障并排除	1. 实际排除故障中思路不清楚，每个故障点扣3分 2. 每少查出一个故障点扣5分 3. 每少排除一个故障点扣3分 5. 排除故障方法不正确，每处扣5分	10			
5	创新能力		工作思路、方法有创新	工作思路、方法没有创新扣10分	10			
备注				合计	100			
				指导教师签字	年 月 日			

知识准备

一、OCL 互补对称功率放大器

1. OCL功率放大电路

省去输出端大电容的功率放大电路通常称为OCL电路。其优点是省去了输出电容，使系统的低频响应更加平滑；缺点是必须用双电源供电，增加了电路的复杂性。

（1）OCL乙类互补放大电路

图5-9所示电路由两个对称的工作在乙类状态的射极输出器组合而成。VT_1（NPN型）和VT_2（PNP型）是两个特性一致的互补三极管；电路采用双电源供电，负载直接接到VT_1、VT_2的发射极上。

设u_i为正弦波，当u_i处于正半周时，VT_1导通VT_2截止，输出电流$i_L=i_{c1}$流过R_L，形成输出正弦波的正半周。当u_i处于负半周时，VT_1截止VT_2导通，输出电流$i_L=-i_{c2}$流过R_L，其方向与i_{c1}相反，形成输出正弦波的负半周。因此，在信号的一个周期内，输出电流基本上是正弦波电流。由此可见，该电路实现了在静态时管子无电流通过，而有信号时，VT_1、VT_2轮流导通，组成所谓推挽电路。由于电路结构和两管特性对称，工作时两管互相补充，故称为互补对称电路。

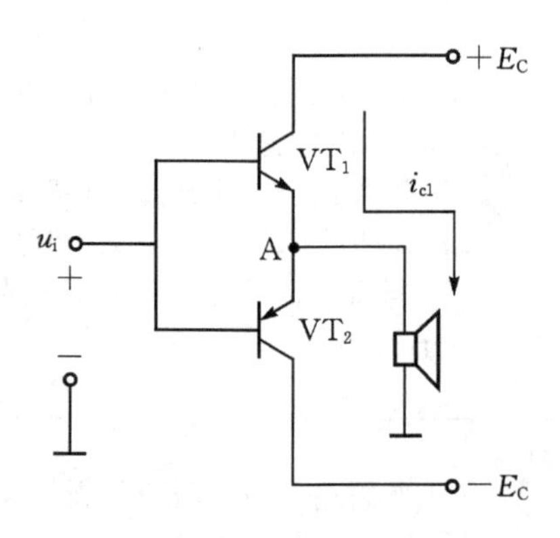

图5-9　OCL类互补放大电路

（2）OCL甲乙类互补对称电路

为了避免交越失真（在分析时，把三极管阈值电压看作0 V。且电压和电流的关系不是线性的，在输入电压较低时，输出电压存在着死区，此段输出电压与输入电压不存在线性关系，产生失真。这种失真出现在过零处，因此它被称为交越失真），通常在每管的发射结上加一定的正向偏压，使两管在静态时都处于微导通状态，此时，电路便工作在甲乙类状态。应当指出，为了提高工作效率，在设置静态偏压时，应尽可能接近乙类状态。

OCL互补对称功率放大器简称OCL电路如图5-10所示，它与OTL电路的区别有两点，一是不用输出电容；二是采用双电源供电。

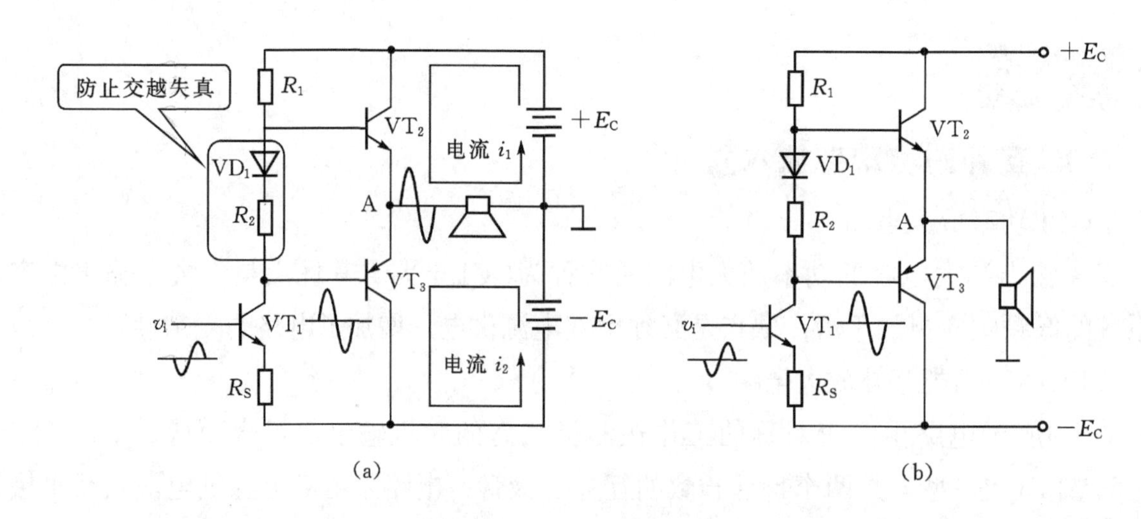

图5-10　OCL电路

图5-10（a）是OCL原理电路，图5-10（b）是它的习惯画法。VT_2采用正电源（+EC）供电，VT_3采用负电源（$-E_C$）供电，这两个电源的大小是相等的。扬声器接在功放对管的中点（A点）与地之间，因VT_2和VT_3的参数非常接近，故A点电压为0 V。OCL电路的的原理与OTL电路相同。

二、TDA2030音频集成功率放大器

TDA2030是音频功率放大电路，采用V形5脚单列直插式塑料封装结构。该集成电路广泛应用于立体收音机，中功率音响设备，汽车音响，具有体积小、输出功率大、失真小等特点。

1. TDA2030引脚功能

如图5-11所示为 TDA2030的外形与引脚排列图。

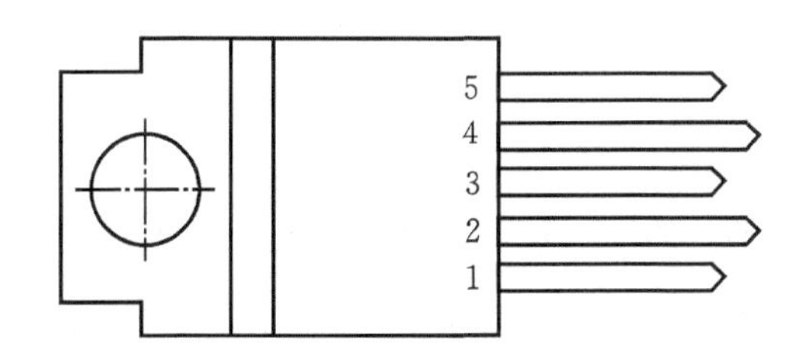

图5-11　TDA2030的外形与引脚排列图
1-同相输入端　2-反相输入端　3-负电源端　4-输出端　5-正电源端

2. 电路特点

① 外接元件少

② 输出功率大P_0=18 W（R_L=4 Ω）

③ 采用超小型封装（TO-220），可提高组装密度。

④ 开机冲击小。

⑤ 内含各种保护电路，因此工作安全可靠。主要保护电路有：短路保护、热保护、地线偶然开路保护、电源极性反接保护以及负载泄放电压反冲保护等。

⑥ TDA2030能在最低±6V、最高±22V的电压下工作，在±19V、8Ω阻抗时能够输出16W的有效功率，适合用于各种小型功放电路。

三、TDA2030音频集成功率放大器的典型应用

双电源应用电路如图5-12所示。

1. 电路工作原理：输入信号u_i由同相端输入，R_1、R_2、C_2构成交流电压串联负反馈。

2. 闭环电压放大倍数：

$$A_f = 1 + \frac{R_1}{R_2} = 1 + \frac{22\times10^3}{680} \approx 33$$

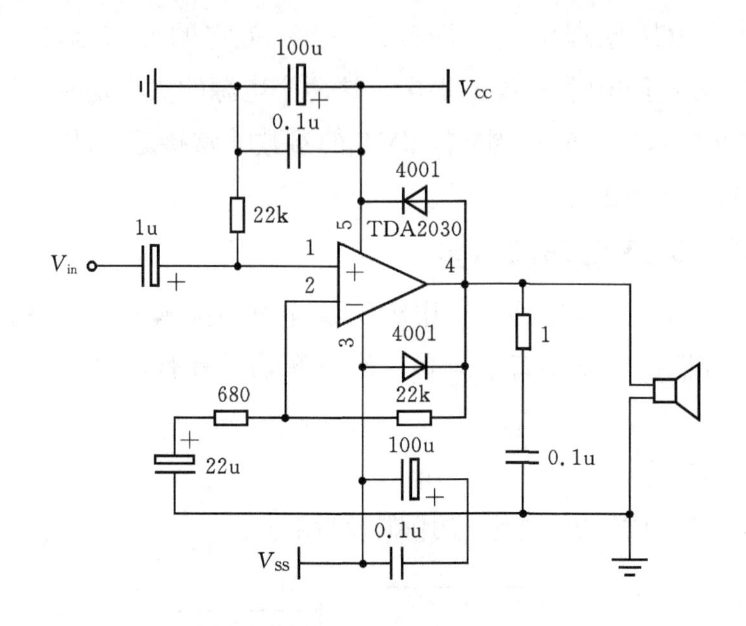

图5-12　双电源应用电路

3. 为了保持两输入端直流电阻平衡，选择R_3=R_1。VD_1、VD_2起保护作用，用来泄放R_L产生的感应电压，将输出端的最大电压钳位在V_{CC}+0.7V和$-V_{CC}-0.7$V上。C_3、C_4为去耦电容，用于去噪。C_1、C_2为耦合电容。

课后习题

1. 乙类放大电路会产生什么样的失真，实际的功率放大电路如何消除这种失真？

2. OTL电路与OCL电路有什么区别？它们各自都有什么优点、缺点？

3. 比较分立元器件的OTL功率放大电路和TDA2030组装的功率放大电路，哪一种失真小？为什么？

任务二 实训　OCL集成功率放大电路的安装与调试

工作任务描述：

集成功率放大器有高频和低频功放之分，用在收音机、录音机和扩音机等音频设备中的功放是低频功放，本任务OCL集成功率放大电路由TDA2030集成IC组成，将V_I输入的小信号经过C_1耦合电容，在经过TDA2030进行放大，达到推动扬声器工作。

工作流程与活动

1. 明确任务
2. 工作准备
3. 现场施工
4. 总结评价

学习活动1　明确工作任务

学习目标

知识与技能：
1. 了解TDA2030外围电路接法及双电源电路接法。
2. 会筛选电子元器件和用示波器测量扬声器输出波形。
3. 会分析调试波形并计算闭环电压放大倍数。

学习过程

一、根据任务单了解所要解决的问题，说出本次任务的工作内容、时间要求等信息。

任务单

编号： 502

电路名称		制作单位		核心元件	
工作内容					
开工时间			竣工时间		
达到效果					

1. 根据任务单，查阅任务单中OCL电路的基本情况并填写。
2. 查阅并画出该型号电路的原理图。
3. 学习并掌握OCL电路工作原理。

学习活动2　工作准备

学习过程

1. 准备工具和器材

（1）工具

本次作任务所需要的工具见表5-3。

表5-3　工具

编号	名称	规格	数量
1	交流电源	0～30Vac	1台
2	万用表	可选择	1只
3	电烙铁	15～30W	1把
4	烙铁架	可选择	1只
5	示波器		1台
6	电子实训通用工具	尖嘴钳、斜口钳、镊子、螺丝刀（一字和十字）	1套

（2）器材

本次任务所需要元器件见表5-4。

表5-4　元器件明细表

代号	名称	规格	数量	代号	名称	规格	数量
PCB	万能板	8080mm	1	C_5、C_6	瓷片电容器	0.1μF/250V	2
R_1	碳膜电阻	22kΩ	1	C_3、C_4、C_5	涤纶电容器 电解电容器	0.33μF/250V 2200 μF/25V	1 2
R_2	碳膜电阻	680Ω	1	VD_1-VD_4	二极管	4×1N4007	6
R_3	碳膜电阻	22kΩ	1	I_C	集成电路	TDA2030	1
R_4	碳膜电阻	1Ω/10Ω	1	-	散热片	50×30 mm	1
R_P	电位器	20kΩ/10 kΩ	1	AC	交流电源	12V	1
C_1、 C_2	电解电容器 电解电容器	10μF/25V 47μF16V	1 1				

2. 元器件识别、检测和选用

利用万用表的分别检测判断碳膜电阻、电解电容、三极管、扬声器、集成电路的阻值和好坏，记录并与器材清单核对。

3. 环境要求与安全要求

（1）环境要求

① 操作平台不允许放置其他器件、工具与杂物，要保持整洁。

② 在操作过程中，工具与器件不得乱摆乱放，注意规范整齐，在万能板上安装元器件时，要注意前后，上下位置。

③ 操作结束后，要将工位整理好，收拾好器材与工具，清理台面和地上杂物，关闭电源。

④ 将器材与工具分类放入工具箱，并摆放好凳子，方能离开。

（2）安装过程的安全要求

安装过程必须要有“安全第一”的意识，具体要求如下：

① 进入实训室，劳保用品必须穿戴整齐。不穿绝缘鞋一律不准进入实训场地。

② 电烙铁插头最好使用三极插头，要使外壳妥善接地。

③ 电烙铁使用前应仔细检查电源线是否有破损现象，电源插头是否损坏，并检查烙铁头有无松动。

④ 焊接过程中，电烙铁不能随处乱放。不焊时，应放在烙铁架上。注意烙铁头不可碰到电源线，以免烫坏绝缘层发生短路事故。

⑤ 使用结束后，应及时切断电源，拔下电源插头。待烙铁冷却后放入工具箱。

⑥ 实训过程应执行7S管理标准备，安全有序进行实训。

学习活动3　现场施工

学习过程

1. OCL功率放大器原理图5-13所示。

2. 根据原理图进行电路的安装

根据图5-13，在万能板上进行安装的实物图如图5-14，具体安装与调试步骤如下：

（1）对元器件进行检测，按工艺要求对元器件的引脚进行成形加工。

（2）参考图5-14所示实物图，在多孔电路板上焊接元器件，连接电路。

（3）安装完毕检查无误后，接通电源。

（4）测TDA2030 4脚点位U_4=0。

（5）用镊子碰触C_5负极，听扬声器是否随镊子的碰触发出“嘟嘟”声。

（6）输入音频信号，试听扬声器发出的声音。

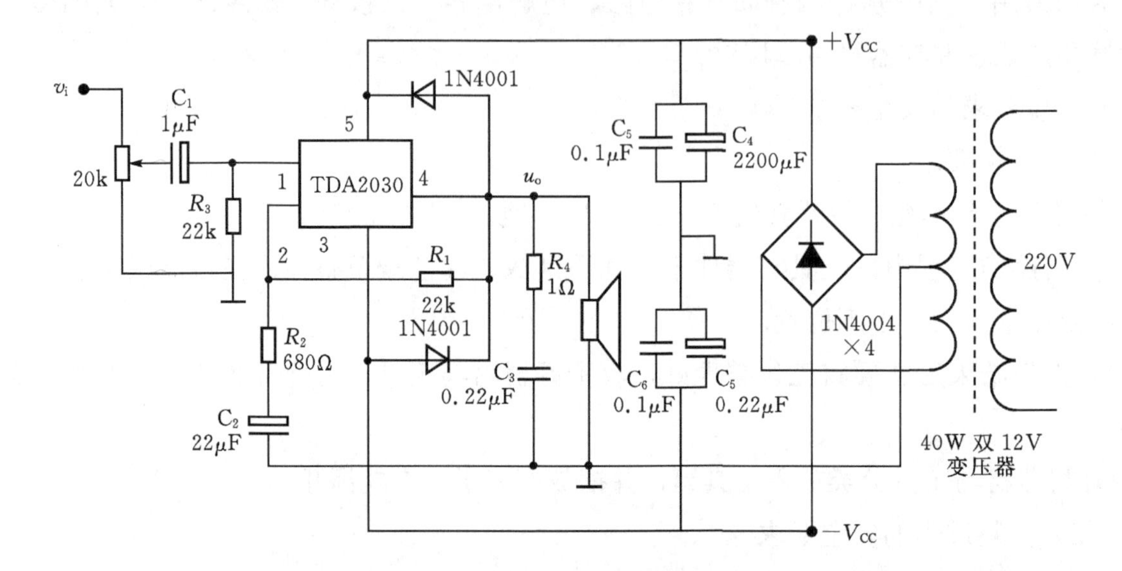

图5-13　OCL功率放大器原理图

图5-14　OCL功率放大器实物图

任务电路		第___组组长		完成时间	
基本电路安装	1. 根据所学电路原理图，绘制电路接线图。 2. 根据接线图，安装并焊接电路并写出电路工作原理。				

<table>
<tr><td rowspan="1">电路调试</td><td>
3. 用万用表调试电路。

输入电压	V	输出电压	V
U_A电压	V	U_B电压	V
U_C电压	V		

4. 用示波器观察A、B、C波形

(1) SEC/DIV：____
(2) VOLTS/DIV：____
(3) U_2：____
(4) U_z：____

5. 根据测量结果，计算I_{CQ1}，I_{CQ2}
</td></tr>
</table>

学习活动4　总结评价

学习过程

一、总结评价

任务电路		第___组组长		完成时间	
自我总结	1. 任务单完成情况 2. 工作准备情况 3. 任务实施情况 4. 个人收获情况				

<table>
<tr><td>小
组
评
价</td><td>（以小组为单位，组长检查本组成员完成情况，可任意指定本组成员将相关情况进行总结汇报。）</td></tr>
</table>

二、小组互评

根据每个小组的完成情况给出各小组本任务的综合成绩，并根据人员汇报情况（表达方式，表达能力，创新能力，综合素质等）相应加分。

三、教师评价

教师根据各小组任务完成情况给出各小组本任务综合成绩。

学习任务评价表

<table>
<tr><th>序号</th><th colspan="2">主要内容</th><th>考核要求</th><th>评分标准</th><th>配分</th><th>自我评价</th><th>小组互评</th><th>教师评价</th></tr>
<tr><td rowspan="3">1</td><td rowspan="3">职业素质</td><td>劳动纪律</td><td>按时上下课，遵守实训现场规章制度</td><td>上课迟到、早退、不服从指导老师管理，或不遵守实训现场规章制度扣1～7分</td><td>7</td><td></td><td></td><td></td></tr>
<tr><td>工作态度</td><td>认真完成学习任务，主动钻研专业技能</td><td>上课学习不认真，不能按指导老师要求完成学习任务扣1～7分</td><td>7</td><td></td><td></td><td></td></tr>
<tr><td>职业规范</td><td>遵守电工操作规程及规范</td><td>不遵守电工操作规程及规范扣1～6分</td><td>6</td><td></td><td></td><td></td></tr>
<tr><td>2</td><td colspan="2">明确任务</td><td>填写工作任务相关内容</td><td>工作任务内容填写有错扣1～5分</td><td>5</td><td></td><td></td><td></td></tr>
<tr><td>3</td><td colspan="2">工作准备</td><td>1. 按考核图提供的电路元器件，查出单价并计算元器件的总价，填写在元器件明细表中
2. 检测元器件</td><td>1. 正确识别和使用万用表检测各种电子元器件
2. 元件检测或选择错误扣1～5分</td><td>10</td><td></td><td></td><td></td></tr>
</table>

4	任务实施	安装工艺	1. 按焊接操作工艺要求进行，会正确使用工具。 2. 焊点应美观、光滑牢固、锡量适中匀称、万能板的板面应干净整洁，引脚高度基本一致。	1. 万用表使用不正确扣2分 2. 焊点不符合要求每处扣0.5分 3. 桌面凌乱扣2分 4. 元件引脚不一致每个扣0.5分	10			
		安装正确及测试	1. 各元器件的排列应牢固、规范、端正、整齐、布局合理、无安全隐患 2. 测试电压应符合原理要求 3. 电路功能完整	1. 元件布局不合理安装不牢固，每处扣2分 2. 布线不合理，不规范，接线松动，虚焊，脱焊接触不良等每处扣1分 3. 测量数据错误扣5分 4. 电路功能不完整少一处扣10分	40			
		故障分析及排除	分析故障原因，思路正确，能正确查找故障并排除	1. 实际排除故障中思路不清楚，每个故障点扣3分 2. 每少查出一个故障点扣5分 3. 每少排除一个故障点扣3分 4. 排除故障方法不正确，每处扣5分	10			
5	创新能力		工作思路、方法有创新	工作思路、方法没有创新扣10分	10			
备注				合计	100			
				指导教师签字	年　月　日			

串联型稳压电源的安装与测试

任务一 串联型稳压电路的安装与测试

知识准备

一、直流稳压电源实物

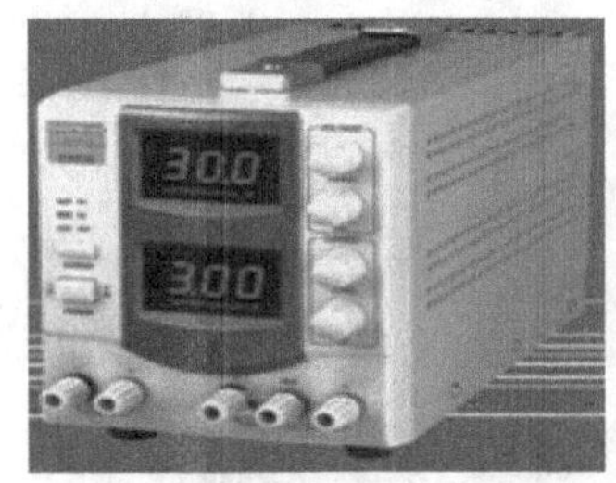

(a)实验室用直流电源

(b)计算机中一体化开关电源

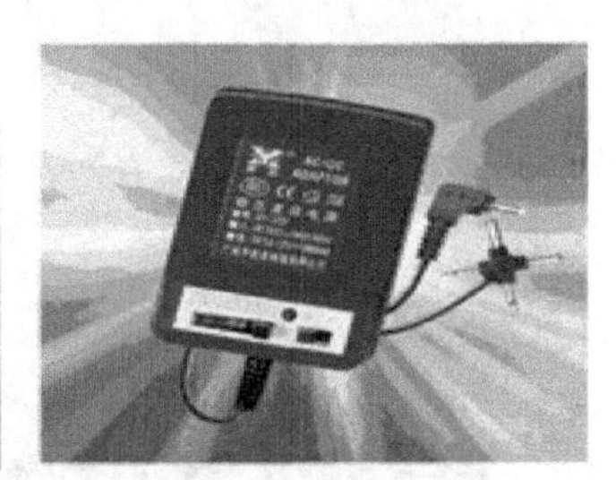

(c)充电器

图6-1 各类稳压电源的实物图

1. 基本稳压电路

串联稳压电路的基本结构如图6-2所示，三极管VT为调整管。由于调整管与负载相串联，所以这种电路称为串联稳压电路。

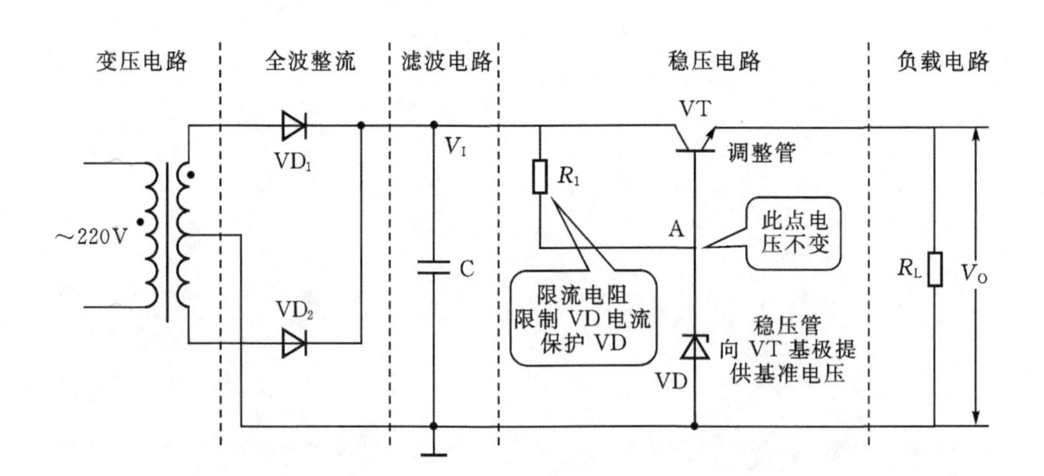

图6-2 基本稳压电路

稳压管VD为调整管提供基极电压，称为基准电压。

电路稳压过程是这样的：

$V_I\uparrow \rightarrow V_O\uparrow \rightarrow V_{BE}\uparrow \rightarrow I_B\rightarrow$VT导通程度减弱$\rightarrow V_{CE}\uparrow \rightarrow V_O\downarrow$。

2. 带放大环节的稳压电路

图6-3所示是具有放大环节的串联型晶体管稳压电路。

输入电压V_i是由整流滤波电路供给的。电阻R_1、R_2组成分压器，把输出电压的变化量取出一部分加到由T_1组成的放大器的输入端，所以叫作取样电路。电阻R_3和稳压管Dz组成稳压管稳压电路，用以提供基准电压，使T_1的发射极电位固定不变。晶体管T_1组成放大器，起比较和放大信号的作用。R_4是T_1的集电极电阻，从T_1集电极输出的信号直接加到调整管T_2的基极。

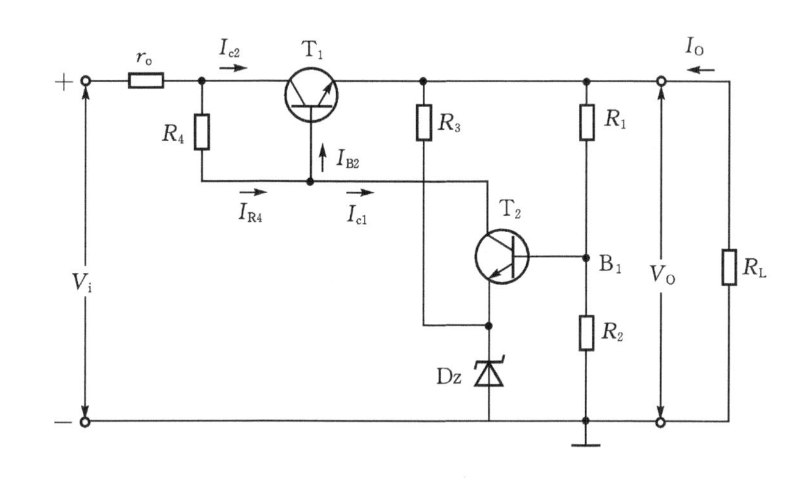

图6-3　串联型稳压电路

如果由于电网电压降低或负载电流增大使输出电压V_o降低时，通过R_1、R_2的分压作用，T_1的基极电位V_{B1}下降，由于T_1的发射极电位V_{E1}被稳压管D_z稳住而基本不变，二者比较的结果，使T_1发射结的正向电压减小，从而使T_1的I_{C1}减小和V_{C1}增高。V_{C1}的升高又使T_2的I_{B2}和I_{C2}增大，V_{CE2}减小，最后使输出电压V_o升高到接近原来的数值。以上稳压过程可以表示为：

$$V_O\downarrow \xrightarrow{\text{取样}} V_{B1}\downarrow \xrightarrow{\text{放大}} V_{C1}\uparrow \xrightarrow{\text{控制}} V_{CE2}\downarrow \xrightarrow{\text{调整}} V_O\uparrow$$

同理，当V_o升高时，通过稳压过程也使V_o基本保持不变。

比较放大器可以是一个单管放大电路，但为了提高其增益及输出电压温度稳定性，也可以采用多级差动放大电路和集成运放。调整管通常是功率管，为增大β值，使比较放大器的小电流能推动功率管，也可以是二个至三个晶体管组成的复合管，如果当调整管的功率不能满足要求时，也可以是若干个调整管并联使用，增加支路以便扩大输出电流。

由于用途不同，取样电路的接法也不同：对稳压源，取样电阻是与负载并联；而对稳流源，取样电阻则是与负载串联。

3. 输出电压可调的稳压电路

在取样电路中加一可变电阻R_{P1}，便可以实现输出电压在一定范围内连续可调，参考下图。

例如，当R_{P1}向上调时，V_O也下降。若R_{P1}下调，则输出电压V_O上升。它由取样电路、基准电路、比较放大电路及调整电路等环节组成。

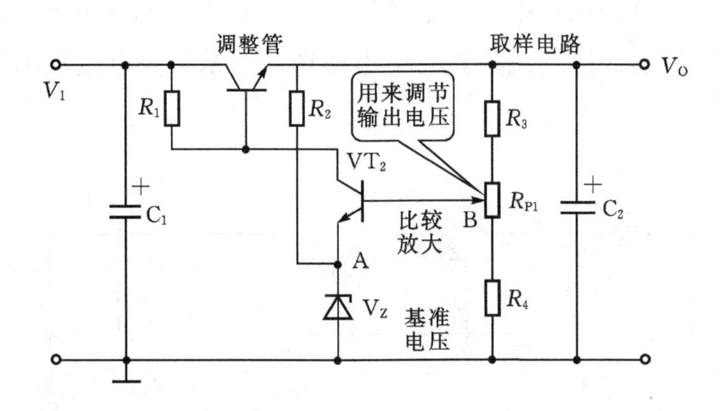

图6-4 串联型可调稳压电路

4. 用复合管做调整管的稳压电路

要想提高电路的稳压性能，必然要求调整管有较高的β值，但是，大功率三极管的β值一般不高。解决这些矛盾的办法，是用复合管做调整管，如图6-5所示。图中，VT_3与VT_1构成复合管。为了减小VT_3的穿透电流对VT_1的影响，可增加一只分流电阻R_5。

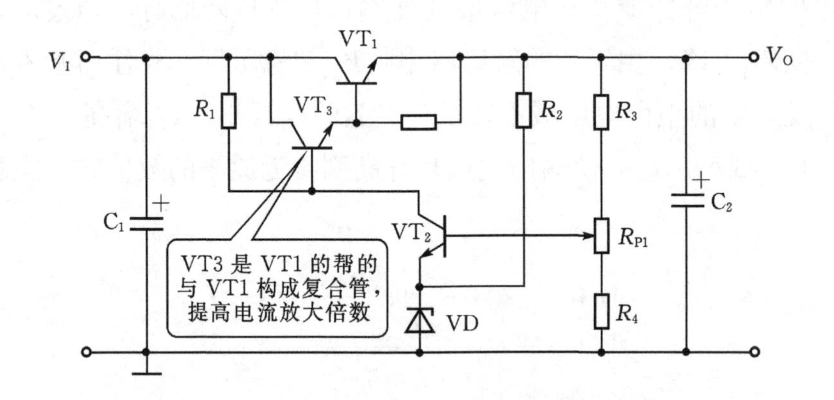

图6-5 复合管做调整管串联型稳压电路

课后习题

1. 线性直流电源中的调整管工作在放大状态，开关型直流电源中的调整管工作在开关状态。（ ）

2. 因为串联型稳压电路中引入了深度负反馈，因此也可能产生自激振荡。（ ）

3. 选择合适答案填入空内。

（1）若要组成输出电压可调、最大输出电流为3A的直流稳压电源，则应采用________。

A. 电容滤波稳压管稳压电路　B. 电感滤波稳压管稳压电路

C. 电容滤波串联型稳压电路　D. 电感滤波串联型稳压电路

（2）串联型稳压电路中的放大环节所放大的对象是________。

A. 基准电压　B. 采样电压　C. 基准电压与采样电压之差

（3）开关型直流电源比线性直流电源效率高的原因是________。

A. 调整管工作在开关状态　B. 输出端有LC滤波电路　C. 可以不用电源变压器

（4）在脉宽调制式串联型开关稳压电路中，为使输出电压增大，对调整管基极控制信号的要求是________。

A. 周期不变，占空比增大

B. 频率增大，占空比不变

C. 在一个周期内，高电平时间不变，周期增大

4. 电路如图6-6所示，已知稳压管的稳定电压U_Z=6V，晶体管的U_{BE}=0.7V，$R_1=R_2=R_3=300\,\Omega$，U_I=24V。判断出现下列现象时，分别因为电路产生什么故障（即哪个元件开路或短路）________。

（1）$U_O \approx 24V$；

（2）$U_O \approx 23.3V$；

（3）$U_O \approx 12V$且不可调；

（4）$U_O \approx 6V$且不可调；

（5）U_O可调范围变为6～12V。

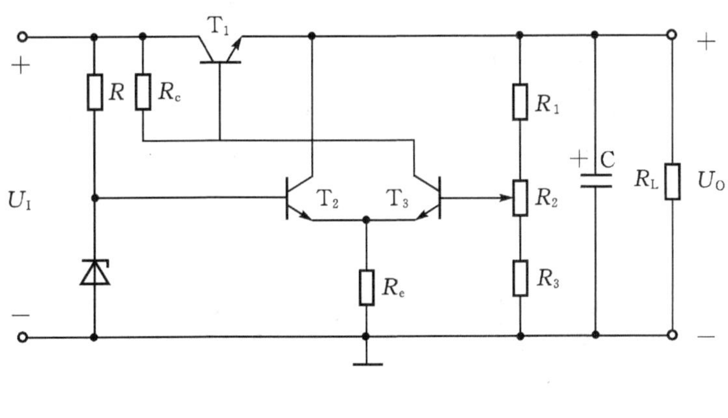

图6-6

任务一 实训 串联型可调直流稳压电源电路的安装与测试

工作任务描述:

由于遭受雷击，大部分家庭黑白电视机不能正常工作。经维修人员检查发现，其整流稳压电路部分已严重损坏，需重新设计安装。现将这个任务交给家电维修队，需在24小时内解决问题。

工作流程与活动

1. 明确任务
2. 工作准备
3. 现场施工
4. 总结评价

学习目标

知识与技能：1. 掌握直流稳压电源电路各部分的作用及相关元器件的选择。

2. 掌握直流稳压电源电路的工作原理。

3. 掌握晶体管串联稳压电路的装配。

4. 掌握晶体管串联稳压电路的调试、测试及计算方法。

5. 通过示波器观察并分析输入、输出电压的关系。

学习活动1　明确工作任务

学习过程

一、根据任务单了解所要解决的问题，说出本次任务的工作内容、时间要求等信息。

任务单

编号：601

电路名称		制作单位		核心元件	
工作内容					
开工时间			竣工时间		
达到效果					

1. 根据任务单，查阅任务单中设备的基本情况并填写。
2. 查阅并画出该型号电视机的整流电路原理图。
3. 学习并掌握整流电路工作原理。

学习活动2　工作准备

学习过程

1. 准备工具和器材

（1）工具

本次作任务所需要的工具见表6-1。

表6-1　工具

编号	名称	规格	数量
1	单相交流电源	15V（或6～15V）	1个
2	万用表	可选择	1只
3	电烙铁	15～30W	1把
4	烙铁架	可选择	1只
5	电子实训通用工具	尖嘴钳、斜口钳、镊子、螺丝刀（一字和十字）	1套

（6）器材

本次任务所需要器材见表6-2。

表6-2　器材

序号	代号	名称	型号与格	数量
1	V_1～V_4	二极管	IN4007	4
2	V_5	稳压管	2CW56	1
3	V_6	三极管	C9013	1
4	V_7	三极管	C9014	1
5	V_8	三极管	C9014	1
6	C_1	电容器	100μF/50V	1
7	C_2	电容器	10μF/25V	1
8	C_3	电容器	470μF/25V	1
9	R_1	电阻	1KΩ	1
10	R_2	电阻	1KΩ	1
11	R_3	电阻	510Ω	1
12	R_4	电阻	300Ω	1
13	R_P	电位器	470Ω～1KΩ	1
14	F_U	熔断器	B×0.5A	1
15		万能电路板		1
16	T	变压器	AC220V/12V	1
17	辅助材料	电源插头、	焊锡、连接线	

2. 根据以上所列器材，分别查出各元件的价格，并核算出总价。

3. 电子元件的识别、检测和选用学会用万用表检测下列元件。

表6-3　元件检测

编号	名称	型号	正向	反向
1	三极管			
2	电阻			
3	稳压二极管			

学习活动3　现场施工

学习过程

安装步骤：

1. 串联型可调直流稳压电源电路见图6-7。

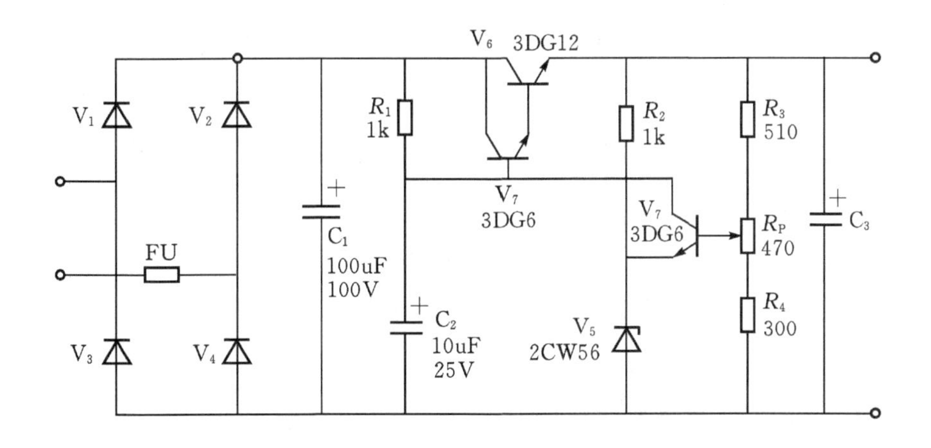

图6-7　串联型可调直流稳压电源电路图

2. 根据图纸进行电路的安装

根据上图，在万能板上进行安装与测试，具体步骤如图6-8所示。

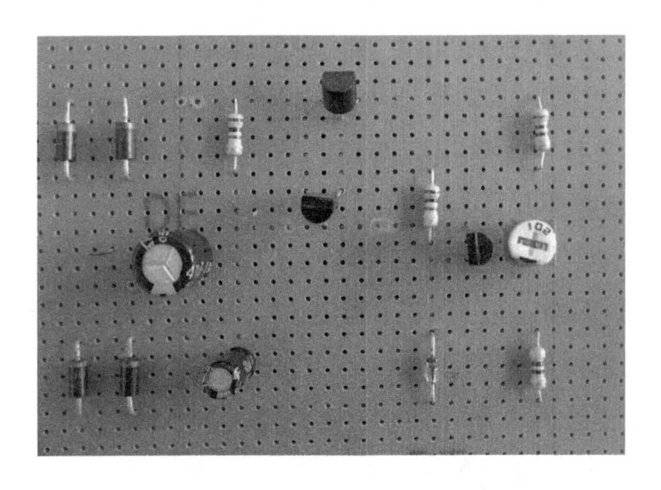

图6-8　串联型可调直流稳压电源实物图

（1）按照原理图插接电子元器件，注意极性。二极管安装时，成90度角，悬空卧式垂直安装板面便于散热，间距在1～2 mm。三极管采用折角安装，注意不能折坏。

（2）连接线可用多余引脚或细铜丝，使用前先进行上锡处理，增强粘合性。

（3）连接线应遵循横平竖直连线原则，同一焊点连接线不应超过2根。

（4）电路各焊接点要可靠，光滑，牢固。

3.接入交流电源，用万用表合适的交流电压档测量输入电压值。

4.以小组为单位，选出组长，任课教师对组长进行重点指导。组长负责检查指导本组学员完成电路安装调试任务。

5.直流稳压电源的检修

（1）检修程序

① 表面初步检查：各种稳压电源一般都装有过载或短路保护的熔断丝以及输入输出接线柱，应先检查熔断丝是否熔断或松脱，接线柱是否松脱或对地短路，电压指示表的表针是否卡阻。然后打开机壳盖板，查看电源变压器是否焦味或发霉，电阻、电容有否烧焦、霉断、漏液、炸裂等明显的损坏现象。

② 测量整流输出电压：在各种稳压电源中都有一组或一组以上的整流输出电压，如果这些整流输出电压有一组不正常，则稳压电源将会出现各种故障。因此，检修时，要首先测量有关的整流输出电压是否正常。

③ 测试电子器件：如果整流电压输出正常，而输出稳压不正常，则需进一步测试调整管、放大管等的性能是否良好，电容是否击穿短路或开路，如果发现有损坏、变值的器件，通常更新后即可使稳压电源恢复正常。

④ 检查电路的工作点：若整流电压输出和有关的电子器件都正常，则应进一步检查电路的工作点。对晶体管来说，它的集电极和发射极之间要有一定的工作电压，基极与发射极之间的偏置电压，其极性应符合要求，并保证工作在放大区。

⑤ 分析电路原理：如果发现某个晶体管的工作点电压不正常，有两种可能：一是该晶体管损坏；二是电路中其他元件损坏所致。这时就必须仔细地根据电路原理图来分析发生问题的原因，进一步查明损坏、变值的元器件。

（2）稳压电源常见故障检修实例

① 有调压而无稳压作用：在使用稳压电源时，通常是先开机预热，然后调节输出电压“粗调”电位器，观察调压作用和调节范围是否正常，最后调节到所需要的电源电压值，并接上负载。如果空载时电压正常，但接上负载后，输出电压即下降，若排除外电路故障的可能性，此时的故障就是稳压电源无稳压作用。

检修时可用万用表测定大功率调整管的集电极与发射极之间的通断情况。如发现不了问题，可进一步检查整流二极管是否损坏，只要有一只整流管损坏，全波整流就变成半波整流。空载时，大容量的滤波电容仍能提供足够的整流输出电压，以保证稳压输出的调压功能，接上负载以后，整流输出电压立即下降，稳压输出端的电压也随之下降，失去稳压作用。

② 输出电压过高，无调压、稳压作用：晶体管直流稳压电源在空载情况下，输出电压大超过规定值，并且无调压和稳压作用，故障可能发生在：

ⓐ 复合调整管之一的集电极与发射极击穿短路，整流输出的电压直接通过短路的晶体管加到稳压输出端，且不受调压和稳压的控制。

ⓑ 取样放大管的集电极或发射极开断，复合调整管直接处于辅助电源Dz的负电压作用下，基极电流很大，使调整管的发射极与集电极之间的内阻变得很小，整流输出的电压直接加到稳压输出端。

③ 各档电压输出都很小并无调压作用，故障可能发生在：

a. 主整流器无整流电压输出；

b. 上辅助电源Dz的电压为零，造成调整管不工作；

c. 取样放大管的c-e反向击穿短路，造成调整管不工作。

<table>
<tr><td>任务电路</td><td></td><td>第___组组长</td><td></td><td>完成时间</td><td></td></tr>
<tr><td>基本电路安装</td><td colspan="5">1. 根据 所学电路原理图，绘制电路接线图：

2. 根据接线图，安装并焊接电路。</td></tr>
<tr><td>电路调试</td><td colspan="5">1. 用万用表调试电路：
<table><tr><td>R_P电位器</td><td>Ω</td><td>输出 电压</td><td>V</td></tr><tr><td>当R_P电位器中点调向最左边时A、B两端电阻</td><td></td><td>测U_o两端电压</td><td></td></tr><tr><td>当R_P电位器中点调向最右边时A、B两端电阻</td><td></td><td>测U_o两端电压</td><td></td></tr></table>
2. 根据测量结果，比较一下简单直流稳压电源与带放大环节直流稳压电源，说说这两者的区别：</td></tr>
</table>

学习活动4　总结评价

学习过程

一、总结评价

任务电路		第___组组长		完成时间	
自我总结	1. 任务单完成情况 2. 工作准备情况 3. 任务实施情况 4. 个人收获情况				
小组评价	（以小组为单位，组长检查本组成员完成情况，可任意指定本组成员将相关情况进行总结汇报。）				

二、小组互评

根据每个小组的完成情况给出各小组本任务的综合成绩，并根据人员汇报情况（表达方式，表达能力，创新能力，综合素质等）相应加分。

三、教师评价

教师根据各小组任务完成情况给出各小组本任务综合成绩。

学习任务评价表

序号	主要内容		考核要求	评分标准	配分	自我评价	小组互评	教师评价
1	职业素质	劳动纪律	按时上下课，遵守实训现场规章制度	上课迟到、早退、不服从指导老师管理，或不遵守实训现场规章制度扣1～5分	5			
		工作态度	认真完成学习任务，主动钻研专业技能	上课学习不认真，不能按指导老师要求完成学习任务扣1～5分	5			
		职业规范	遵守电工操作规程及规范	不遵守电工操作规程及规范扣1～5分	5			
2	明确任务		填写工作任务相关内容	工作任务内容填写有错扣1～5分	5			
3	工作准备		1.按考核图提供的电路元器件，查出单价并计算元器件的总价，填写在元器件明细表中 2.检测元器件	1. 正确识别和使用万用表检测各种电子元器件 2. 元件检测或选择错误扣1～5分	10			
4	任务实施	安装工艺	1.按焊接操作工艺要求进行，会正确使用工具 2.焊点应美观、光滑牢固、锡量适中匀称、万能板的板面应干净整洁，引脚高度基本一致	1. 万用表使用不正确扣2分 2. 焊点不符合要求每处扣0.5分 3. 桌面凌乱扣2分 4. 元件引脚不一致每个扣0.5分	10			
		安装正确及测试	1.各元器件的排列应牢固、规范、端正、整齐、布局合理、无安全隐患 2. 测试电压应符合原理要求 3.电路功能完整	1.元件布局不合理安装不牢固，每处扣2分 2.布线不合理，不规范，接线松动，虚焊，脱焊接触不良等每处扣1分 3.测量数据错误扣5分 4.电路功能不完整少一处扣10分	40			
		故障分析及排除	分析故障原因，思路正确，能正确查找故障并排除	1. 实际排除故障中思路不清楚，每个故障点扣3分 2. 每少查出一个故障点扣5分 3. 每少排除一个故障点扣3分 4. 排除故障方法不正确，每处扣5分	10			

5	创新能力	工作思路、方法有创新	工作思路、方法没有创新扣10分	10			
备注		合计		100			
		指导教师签字	年　月　日				

任务二　集成稳压电源的安装与测试

知识准备

一、实物展示

图6-9　三端固定输出集成稳压器

1. 三端固定输出集成稳压器型号和参数

	CW78××系列	CW79××系列
1	输入端	公共端
2	公共端	输入端
3	输出端	输出端

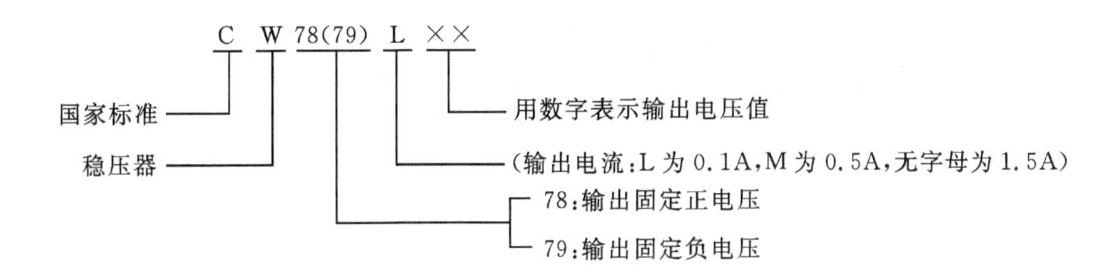

型号中的××表示该电路输出电压值，分别为±5V，±6V，±9V，±12V，±15V，±18V，±24V共七种

2. 三端集成稳压器的主要参数

最大输入电压U_{imax}——稳压器正常工作时允许输入的最大电压；

最大输出电流I_{LM}——保证稳压器安全工作时允许输出的最大电流；

最小输入输出压差（U_i-U_L）min——保证稳压器正常工作所要求的输入电压与输出电压的最小差值。

3. 应用

三端固定正输出的基本应用电路见图6-10。

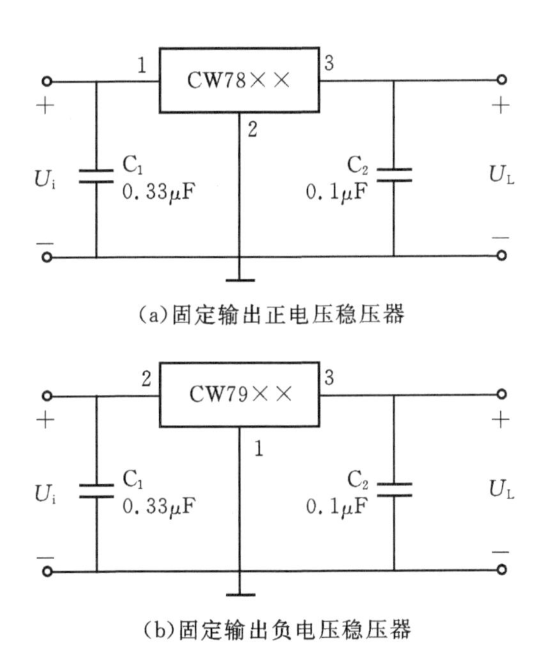

图6-10 固定输出正电压稳压器

3. 三端固定输出稳压器应用——其他连接方法

（1）提高输出稳压电压电路

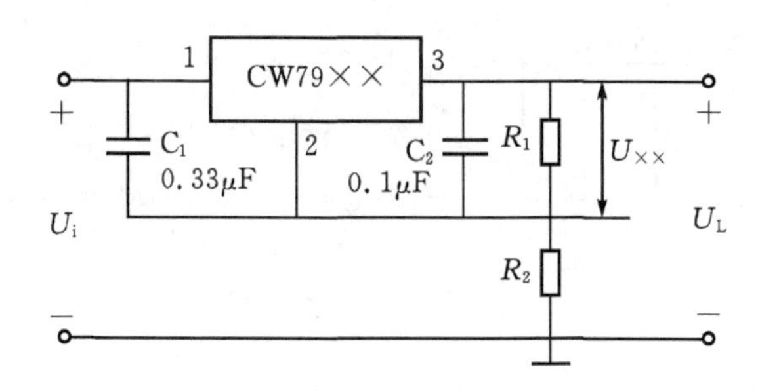

图6-11 提高输出稳压电压电路

输出电压计算公式：

$$U_L = \left(1 + \frac{R_2}{R_1}\right) U_{xx}$$

（2）扩大输出电流稳压电路

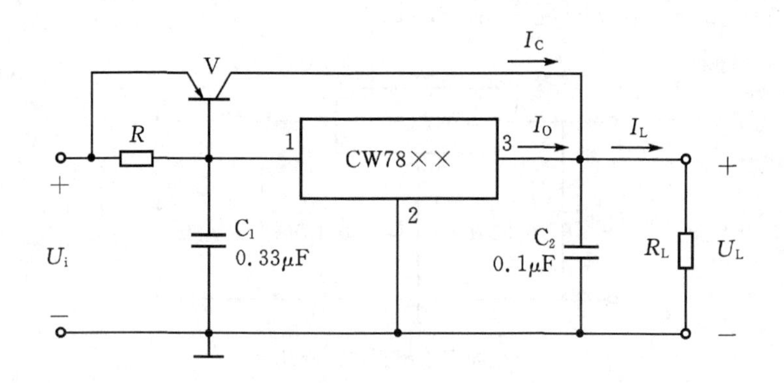

图6-12 扩大输出电流稳压电路

计算输出电流公式：

$$I_L = I_o + I_c$$

4.三端可调输出集成稳压器

（1）三端可调输出稳压器各管脚的功能

	CW117/CW217/CW317系列	CW137/CW237/CW337系列
1	输入端	调整端
2	调整端	输入端
3	输出端	输出端

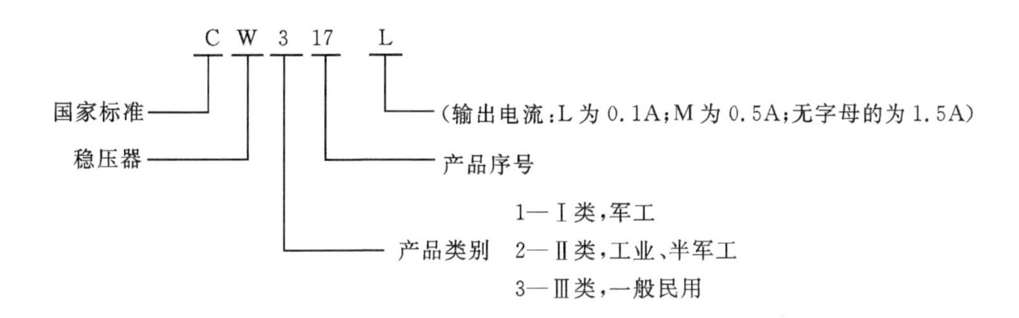

（2）三端可调式集成稳压电路应用

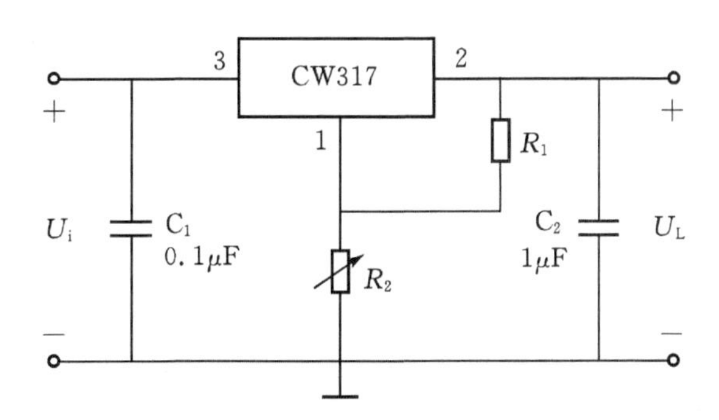

图6-13　正压输出

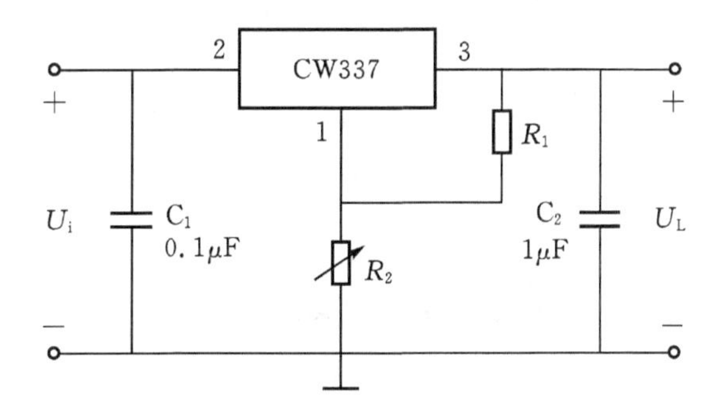

图6-14　负压输出

输出电压：

$$U_L \approx 1.25\left(1+\frac{R_2}{R_1}\right)$$

课后习题

1. 解读三端直流稳压器L7812输出电压极性及稳压值？

2. 如图6-14，已知：V_{in}=18V，求V_{out}=？

3. 画出用CW78、CW79系列组成输出正负固定电压的变压、整流、电容滤波的集成稳压电路并标出参数。

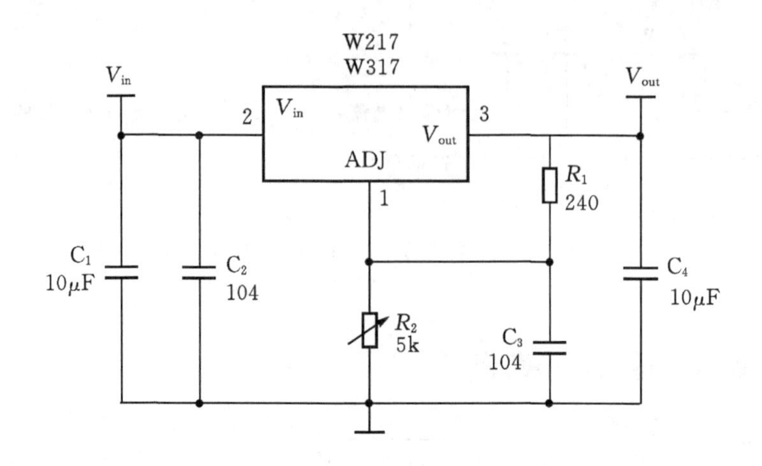

图6-14　题2图

工作任务描述:

校办工厂接到一企业工作任务，要求设计一款小功率5V稳压电源。要求低功耗低成本。现将这个任务交给家电维修队，需在一周之内解决问题。

工作流程与活动

1. 明确任务
2. 工作准备
3. 现场施工
4. 总结评价

学习目标

知识与技能:

1. 掌握集成稳压电源的外形和电路符号。
2. 掌握各类型集成稳压电源的连接方法。
3. 掌握判别集成稳压器的好坏。
4. 会使用万用表测量各点的电压。

学习活动1 明确工作任务

学习过程

一、根据任务单了解所要解决的问题，说出本次任务的工作内容、时间要求等信息。

任务单

编号： 602

电路名称		制作单位		核心元件	
工作内容					
开工时间			竣工时间		
达到效果					

1. 根据任务单，查阅任务单中设备的基本情况并填写。
2. 查阅并画出该型号电路的原理图。
3. 学习并掌握并联型整流稳压电路工作原理。

学习活动2 工作准备

学习过程

1. 准备工具和器材

（1）工具

本次作任务所需要的工具见表6-4。

表6-4 工具

编号	名称	规格	数量
1	单相交流电源	220V（次电压8～15V）	1个
2	万用表	可选择	1只
3	电烙铁	15～30 W	1把
4	烙铁架	可选择	1只
5	示波器	单踪示波器	1台
6	电子实训通用工具	尖嘴钳、斜口钳、镊子、螺丝刀（一字和十字）	1套

（2）器材

本次任务所需要器材见表6-5。

表6-5　器材

编号	名称	规格	数量	单价
1	万能板	8×8 mm	1块	
2	集成稳压器	CM7805	1只	
3	电阻	390Ω～5KΩ	1只	
4	整流二极管	IN4007	4只	
5	电解电容器	100μF 50v	2只	
6	涤纶电容器	0.047μF	1只	
7	焊接材料	焊锡丝、松香助焊剂、连接导线等	1套	
8	成本核算	人工费	总计	

2. 学会用万用表检测下列元件，见表6-6。

表6-6　元件检测

编号	名称	型号	正向	反向
1	整流二极管			
2	集成稳压器			
3	电阻			
4	电容器			

学习活动3　现场施工

学习过程

1. 集成直流稳压电路见图6-15。

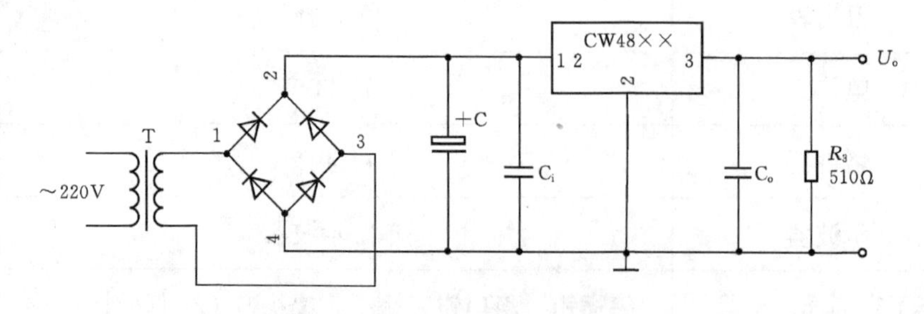

图6-15　集成稳压器实用电路

2. 根据图纸进行电路的安装

根据上图，在万能板上进行安装与测试，具体步骤如图6-16所示。

图6-16　集成直流稳压电路安装图

（1）4只二极管的负极在上，正极在下，注意极性。二极管安装时，成90度角，悬空卧式垂直安装板面便于散热，间距在1～2 mm。

（2）电容器并联在整流电路的输出端。集成直流稳压在整流电路后面

（3）集成稳压器平面朝自己，左边1为输入，中间2为接地，右边3为输出，并联接电容，再接负载电阻。

（4）连接线可用多余引脚或细铜丝，使用前先进行上锡处理，增强粘合性。

（5）连接线应遵循横平竖直连线原则，同一焊点连接线不应超过2根。

（6）电路各焊接点要可靠，光滑，牢固。

3. 以小组为单位，选出组长，任课教师对组长进行重点指导。组长负责检查指导本组学员完成电路安装调试任务。

任务电路		第___组组长		完成时间	
基本电路安装	1. 根据所学电路原理图，绘制电路接线图。 2. 根据接线图，安装并焊接电路，写出电路工作原理。				

续表

<table>
<tr><td>电路调试</td><td>1. 用万用表调试电路：
<table><tr><td>输入　电压</td><td>V</td><td>输出　电压</td><td>V</td></tr><tr><td>1、2两端电压</td><td></td><td>3、2两端电压</td><td></td></tr></table>
2. 利用什么方法提高输出电压为9V。</td></tr>
</table>

学习活动4　总结评价

学习过程

一、自我总结评价

<table>
<tr><td>任务电路</td><td></td><td>第___组 组 长</td><td></td><td>完成时间</td><td></td></tr>
<tr><td>自我总结</td><td colspan="5">1. 任务单完成情况

2. 工作准备情况

3. 任务实施情况

4. 个人收获情况</td></tr>
<tr><td>小组评价</td><td colspan="5">（以小组为单位，组长检查本组成员完成情况，可任意指定本组成员将相关情况进行总结汇报）</td></tr>
</table>

二、小组互评

根据每个小组的完成情况给出各小组本任务的综合成绩，并根据人员汇报情况（表达方式，表达能力，创新能力，综合素质等）相应加分。

三、教师评价

教师根据各小组任务完成情况给出各小组本任务综合成绩。

学习任务评价表

序号	主要内容		考核要求	评分标准	配分	自我评价	小组互评	教师评价
1	职业素质	劳动纪律	按时上下课，遵守实训现场规章制度	上课迟到、早退、不服从指导老师管理，或不遵守实训现场规章制度扣1～5分	5			
		工作态度	认真完成学习任务，主动钻研专业技能	上课学习不认真，不能按指导老师要求完成学习任务扣1～7分	5			
		职业规范	遵守电工操作规程及规范	不遵守电工操作规程及规范扣1～5分	5			
2	明确任务		填写工作任务相关内容	工作任务内容填写有错扣1～5分	5			
3	工作准备		1. 按考核图提供的电路元器件，查出单价并计算元器件的总价，填写在元器件明细表中 2. 检测元器件	1. 正确识别和使用万用表检测各种电子元器件 2. 元件检测或选择错误扣1～5分	10			
4	任务实施	安装工艺	1. 按焊接操作工艺要求进行，会正确使用工具 2. 焊点应美观、光滑牢固、锡量适中匀称、万能板的板面应干净整洁，引脚高度基本一致	1. 万用表使用不正确扣2分 2. 焊点不符合要求每处扣0.5分 3. 桌面凌乱扣2分 4. 元件引脚不一致每个扣0.5分	10			

<table>
<tr><td rowspan="2">4</td><td rowspan="2">任务实施</td><td>安装正确及测试</td><td>1. 各元器件的排列应牢固、规范、端正、整齐、布局合理、无安全隐患
2. 测试电压应符合原理要求
3. 电路功能完整</td><td>1. 元件布局不合理安装不牢固，每处扣2分
2. 布线不合理，不规范，接线松动，虚焊，脱焊接触不良等每处扣1分
3. 测量数据错误扣5分
4. 电路功能不完整少一处扣10分</td><td>40</td><td></td><td></td><td></td></tr>
<tr><td>故障分析及排除</td><td>分析故障原因，思路正确，能正确查找故障并排除</td><td>1. 实际排除故障中思路不清楚，每个故障点扣3分
2. 每少查出一个故障点扣5分
3. 每少排除一个故障点扣3分
4. 排除故障方法不正确，每处扣5分</td><td>10</td><td></td><td></td><td></td></tr>
<tr><td>5</td><td colspan="2">创新能力</td><td>工作思路、方法有创新</td><td>工作思路、方法没有创新扣10分</td><td>10</td><td></td><td></td><td></td></tr>
<tr><td rowspan="2">备注</td><td rowspan="2" colspan="3"></td><td>合计</td><td>100</td><td></td><td></td><td></td></tr>
<tr><td>指导教师签字</td><td colspan="3">年　月　日</td><td></td></tr>
</table>